室内设计基础教程

软装陈设技法

李江军　编著

江苏凤凰科学技术出版社 · 南京

图书在版编目（CIP）数据

室内设计基础教程 . 软装陈设技法 / 李江军编著
. -- 南京 ：江苏凤凰科学技术出版社 ，2022.4
　ISBN 978-7-5713-2768-2

　Ⅰ . ①室… Ⅱ . ①李… Ⅲ . ①室内装饰设计 - 教材
Ⅳ . ① TU238.2

中国版本图书馆 CIP 数据核字 (2022) 第 028643 号

室内设计基础教程　软装陈设技法

编　　　著	李江军
项 目 策 划	凤凰空间 / 杨　易
责 任 编 辑	赵　研　刘屹立
特 约 编 辑	曹　蕾

出 版 发 行	江苏凤凰科学技术出版社
出版社地址	南京市湖南路 1 号 A 楼，邮政编码：210009
出版社网址	http://www.pspress.cn
总 经 销	天津凤凰空间文化传媒有限公司
总经销网址	http://www.ifengspace.cn
印　　　刷	北京博海升彩色印刷有限公司

开　　　本	710 mm×1 000 mm　1 / 16
印　　　张	12
字　　　数	192 000
版　　　次	2022 年 4 月第 1 版
印　　　次	2022 年 4 月第 1 次印刷

| 标 准 书 号 | ISBN 978-7-5713-2768-2 |
| 定　　　价 | 69.80 元 |

图书如有印装质量问题，可随时向销售部调换（电话：022-87893668）。

前言
Foreword

近几年来，全国各地陆续出台了有关精装房的政策条例，越来越多的新楼盘开始出售精装房，这逐渐成为一种趋势。精装房在将房屋钥匙交给购房者前，所有功能空间的固定面须全部铺装或粉刷完成，厨房和卫浴间的基本设备须全部安装完成。除了少数对户型结构或空间色彩不满意的，很少有业主会对精装房进行大规模改装施工，所以软装设计开始代替单一的硬装成为入住精装房之前的重头戏。

软装设计是一个系统的过程，想成为一名软装设计师不仅要了解多种多样的软装风格，还要具备一定的色彩美学修养，并且要了解品类繁多的软装元素的设计法则。如果仅有空泛抽象的理论，而没有具体形象的阐述，很难让缺乏专业知识的人学好软装设计。软装设计中的陈设泛指对室内的色彩搭配、照明灯饰、家具类型、布艺织物、软装饰品等元素的规划与设计。在确定室内软装陈设的立意与构思时，需对整体环境、硬装格局及个人喜好等因素进行多方面、全方位的考虑。

本书包括软装陈设入门知识，家具摆设、色彩与风格搭配，家居空间灯具类型与灯光照明重点，全案软装设计中的布艺搭配，家居空间装饰画与照片墙布置，软装饰品选购、摆场与搭配法则共六章，这些都是作者根据多年经验归纳出的一系列适合实战应用的软装设计规律。本书帮助读者真正了解软装设计的整个流程和要点，并通过学习得到能力的提升，进而举一反三，融会贯通。

本书力求结构清晰易懂，知识点讲解深入浅出，不谈枯燥的理论体系，只谈软装设计应掌握的实用知识，让读者轻松阅读。本书不仅可以作为室内设计师和相关从业人员的案头工具书，也可作为业主装修新家的参考手册。

李江军

目录
Contents

Furnishing

Design

1

第一章

软装陈设入门知识

软装设计前需要考虑的事项

软装设计是指完成硬装以后，将家具、灯具、窗帘、地毯、装饰画、抱枕、插花以及各类摆件和挂件，通过完美的设计手法来展现家居空间的个性与品位。在进行软装搭配时，必须事先做好整体规划，切忌想到什么做什么。如果经验不足，最好能多参考一些相关书籍或专业设计师的指导，对需要改装的部分及所需家居用品的风格、材质、颜色、造型、预算报价等因素进行整体把握，以达到最为合理高效的搭配效果。

一、居住者的爱好

每个人都有各自喜欢或重视的东西，将其运用到家居软装领域，会获得意想不到的效果。比如一家人对美食非常感兴趣，可以考虑将客厅中的沙发改为一张大桌子。如果是喜欢旅行的居住者，可以在家里规划出一定的空间留给展示柜，放置主人搜集的各种纪念品，如精致的古董烛台、织法特别的挂毯、手绘面具等，以表达对美好时光的留念。

在对家居空间进行软装设计时，大件家具自不必说，就连日常用品和一些小物件都要由自己一一挑选，逐渐积累和完善房间内的细节。现在的设计种类繁多，所以选择自己喜欢的装饰风格十分重要。想要一个适合自己的家，是需要根据自己的生活习惯来慢慢打造的，这是一个长期推进的过程。

◇ 根据居住者的爱好选择软装饰品

二、家庭成员的数量和生活方式

为了找到最适合自己家的装修风格，我们必须要考虑所喜爱的设计是否与居室中的设施功能产生冲突。首先要考虑在日常生活中自己的家需要具备的功能。

在决定客厅与餐厅的配置时，需要确认家庭成员的数量和年龄、就餐习惯，以及家人团聚方式，还要设想客人来访的频率，以及平时招待客人的方式等。将这些因素考虑之后，应该就能着手制订软装搭配方案了。

三、软装搭配的重点

软装搭配首先需要整体设计，它不等于各个功能空间软装配饰的简单相加。软装的每一个区域、每一件饰品都是整体环境的有机组成部分。缺乏整体设计的软装搭配，从每个细节、局部效果看或许是不错的，但整体上往往难以和谐。所以，比起局部的精巧设计，房间内的整体搭配要更为重要。在置办装饰物时，要考虑它与家中现有装饰的搭配，其设计与尺寸是否风格一致。

软装搭配设计，可以通过制造视觉焦点的手法，来凸显主次分明的空间美感。

家居空间中的视觉中心，通常是指进门后在视线范围内最引人注目的亮点，可以是一件造型别致、色彩突出的家具，也可以是一盏灯具或一幅挂画，或者是一面有纪念意义的照片墙。

◇ 以灯具作为空间视觉中心

视觉中心的确定，不仅能突出家居空间的主题风格，而且更便于确定软装配饰的摆放和搭配。

摆放空间的大小、高度是确定软装元素规格大小及高度的依据，这一点直接关系到居位者的空间感受，必须在软装中予以重视。一般来说，摆放空间的大小、高度与软装配饰的大小及高度成正比，否则会让人感觉过于拥挤或空旷，不但会破坏空间的整体协调感，还让软装配饰失去了装点空间的作用。

四、软装用品的保养与使用中的便利程度

在生活中，会有因不注意使用方法而弄脏或损坏家具或软装用品的时候。另外，根据材料与使用工艺的不同，家具的耐久性也各有不同，每一种物品都有它的优点和缺点，在选择软装用品时，要充分了解它们的材料与使用工艺，根据自己的情况做取舍。

家具的尺寸与摆放也要注意，一张床即使再精美，如果占据了卧室的整个空间，整理起来也会很麻烦，更没有办法体现优点。因此要选择符合自己生活习惯的软装用品。

◇ 软装元素的大小及高度决定了空间的整体协调感

考虑问题清单
□ 包括自己在内的家庭成员的爱好是什么？
□ 配合这些爱好，是否有需要准备的东西？如何摆放？
□ 自己和家人喜欢什么样的装饰风格？
□ 前期硬装中有哪些问题会需要后期软装的深化？
□ 希望后期的软装设计是按照前期硬装的效果来深化？还是在此基础上有新的诠释？
□ 哪位家庭成员经常使用这个房间？他们的年龄如何？
□ 房间的用途是什么？如果是客厅与餐厅，客人来访的频率如何？
□ 家具与窗帘、灯具等配饰的设计、材料、配色等从整体上看是否保持协调统一？
□ 家具的尺寸与颜色是否与房间的面积、家人的体形等相符？
□ 窗帘、墙纸、地板材料的颜色与花纹是否符合房间的尺寸？
□ 软装用品的材质、制作工艺与保养方法与自己的生活习惯是否相适应？
□ 生活中是否能够呵护好软装用品？是否会对其材质与表面设计造成损伤？

软装预算的制定

一、做好软装预算的重点

软装预算常让人心烦意乱，其烦琐、纠结的程度不会亚于采买过程。特别是如果你不只是想走个形式，而是真的想做出一个实际的预算的话，就更让人头疼。毕竟涉及的细节太多，不可控性也很多，尤其是后期大家总会发现离预算越来越远。那么到底需不需要做预算呢，其实还是很有必要的，虽然不一定人人都能百分百控制住实际的支出，但有个预算总会提醒你何时该收何时该放。前提是预算比较实际。

软装设计方面的思考能呈现最直接的效果，远远大于一件昂贵的软装产品对效果产生的影响，认为产品和材料的高价能撑起效果的这种思想在空间设计这样一个感性和理性的综合产物内并不成立。

软装设计是一个以人的思想为本的工作，任何时候都不要忽略这一点。设计前多了解材料，多研究价格及自己的需求，跟着自己的计划而非感觉走，实时酌情调整，才是把握软装造价的王道。

◇ 控制软装费用的前提是制定合理的预算

二、家居软装预算的比例

就家装整体完成度来说，如果把大部分预算用于软装部分，在一定程度上既可以实现整个功能，又可以节省时间和开支。软装可以从零基础开始，但硬装可是扎扎实实地需要一个整体流程做下来。

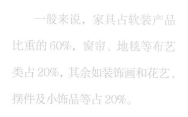

一般来说，家具占软装产品比重的 60%，窗帘、地毯等布艺类占 20%，其余如装饰画和花艺、摆件及小饰品等占 20%。

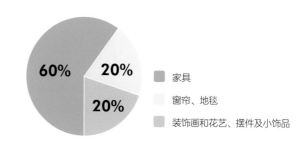

不过把大部分的预算都用于软装的说法也不完全正确。有的风格必须要有前期硬装的基础才能够达到最佳效果，这些风格对顶面、墙面、地面都有细节上的要求，不是摆极简家具就可以达到理想的空间感。也有些风格对前期的硬装要求不是很高，但要求家具饰品的质感要很到位，这样就不能仅仅是停留在模仿的阶段，而是要更多选择独特精致的家具来搭配。

总体来说，如果预算有限，把重点放在软装设计部分确实是一个明智的选择，只是别忘了要挑选适合的风格，不要选择必须需要硬装配合的风格。越简单实在，越经久耐看。

三、预算内的优先次序安排

即使预算优先，也不能在所有软装用品的选择上都妥协。如果家中摆放的全都是自己不那么喜欢的东西，很快就会对自己的房间产生厌烦情绪。确定一个优先顺序，然后一件件配齐自己想要的东西。自己手工制作架子或其他用品，或者寻求优先的省钱办法，没有必要将预算平均到每一件用品上，将资金用在自己最需要的地方，就算节省其他的花销，也可以在心理上得到满足。

☐ 打算在软装上花费多少钱？列出总数与花费在各个部分的比例。

☐ 如果需要慢慢配齐软装用品的话，会从哪一件开始购买？列出优先顺序。

☐ 购买前要考虑到软装用品的使用时间(比较其价格与使用时间,以及对其的喜爱程度)。

家居软装设计流程

一、软装设计的介入时机

很多人以为，完成了前期的基础装修之后，再考虑后期的软装也不迟，其实不然。软装设计是一个系统化的工程，最好在硬装设计之前就介入，或者与硬装设计同时进行。硬装设计要考虑后期的软装，软装设计也要工作前置，去考虑硬装的一些细节。

硬装设计的 CAD 图库内的家具尺寸是统一的，但是软装因风格不同，现代、中式、美式的家具尺寸比例差距很大，很多电源点位预留的位置都不太一样。

在装修前，可以大致划分一下哪个部分以软装为主，哪个部分以硬装为主。软装和硬装是永远无法完全分开进行的两个部分，也无法去定义哪一部分更加重要，因为它们是相辅相成的。很多人习惯将硬装和软装分离进行，各做各的，结果可想而知。大家都无法在空间中毫无保留地表达自己想表达的东西，加上家庭成员肯定也有自己的想法，这样一来，很难避免混乱。

前期甩手让硬装设计师或者业主自主决策，表面上非常专业和轻松。到了后期，会将大量时间花费在弥补和改造上，而不是创造空间氛围上。如果硬装和软装部分是由不同的人来完成，最好的方式是从一开始就沟通彼此的想法并互相理解。

◇ 硬装与软装相结合的全案设计才能实现完美的装饰效果

二、规划好空间的平面布局

购买任何家具之前，要先测量房间，做好规划，看看有哪些可能的家具布局方式。不同的家具布局会带来不同的座位区域、睡眠区域或活动区域，根据这些来选择哪一种最适合这个空间。

软装布置最常犯的错误是买这个房间能放下的最大的沙发。实际上，最大的沙发并不一定适合这个房间的比例，也并不一定有助于营造温馨舒适的感觉。

先规划好平面布局，减少沉重家具的搬动和重置，确定满意的布局后，可以用彩色胶带标示出大件物品（沙发、床、餐桌，甚至地毯）要摆放的地方。这样可以直观地看到最终的效果，家具运来时也能直接放在想要的位置。规划家具布局时，不要忘记间距和动线。

◆ **间距**　　　　好的布局能够最大化地利用地面空间，不需要把家具紧靠墙面来布置，距离墙面保留 20~30 cm 的空隙是最理想的处理方法，同时也能让房间感觉更大。

◆ **动线**　　　　动线是由很多因素共同决定的，例如门的位置（门口通常有电视接线板和电源插座）、壁炉和大型固定家居的位置（如嵌入式长椅或橱柜）。

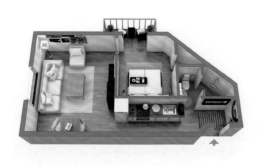

◇ 规划平面布局

◇ 在布局前应考虑好与空间的比例关系，形成整体感的同时，让每一处区域分工有序、层次分明

三、软装物品的采购过程

软装物品的种类繁多,在采购前应该先把所有软装设计的物品进行分类,然后再按照分类进行采购。采购过程有三个重要阶段:大件家具、主要软装物件和最后润饰。可以把装饰的过程分解成几个部分,其中最重要的两个部分,一个是采购过程的开始,这时候需要确定装饰风格的大方向;另一个是最后润饰的时候。从头开始进行家居空间的软装布置时,最理想的做法是先购买大件家具(例如沙发、床和餐桌)。大件家具在房间里最显眼。挑选这些大件家具时,最好选择中性颜色的织物和材料,能确保使用寿命和实用性。

挑选好家具之后,就可以进入第二阶段的采购,如地毯、抱枕、窗帘、灯具、装饰画、摆件和壁饰等主要软装物品。这些东西能把大件家具衔接起来。在色彩和材质上随时参照最初的设计计划,这样选择时会更容易。记住 3 ~ 5 种颜色这条规则,挑选时就不会看得眼花缭乱,能更快地把注意力集中在适用的东西上。

----- Q -----

布艺的采购顺序通常与人的视觉关注度的层次有关。一般走进一个新空间当中,人们的视觉点会分为四层关注度:第一层为家具布艺,第二层为窗帘布艺,第三层为墙面布艺,第四层为装饰类小件物品。一般布艺的生产周期需要 15~20 天。比如窗帘、床品的加工,正常情况下是需要 10~20 天才可以完成。

先选好地毯,然后根据地毯来搭配靠垫和其他软装物品,显然比反过来做更容易一些。墙面装饰有无穷无尽的选择,从几何色块构成的数码画,到质朴的金属雕塑和带框的家庭照片。而地板装饰物的选择就比较少了。选好地毯之后,根据地毯的颜色来选择灯具、抱枕和其他元素。比如可以选一个颜色相近的灯罩,或者选中性色,但上面的装饰细节和地毯要搭配。

第三阶段往往被直接忽略了。因为此时,大件家具已经到位,你会感觉自己没有了装饰的热情。但是,软装的乐趣到这里还并未结束。最后的润饰是让房间变得舒适宜人的关键,没有这些润饰,你会永远觉得好像缺点什么。

☐ 旅行中带来的小玩意	☐ 带相框的照片
☐ 放置在茶几上的托盘	☐ 花瓶
☐ 任何能赋予房间独特个性的东西	☐ 餐桌上的装饰品

四、家居软装设计的具体实施

家居软装设计的最后一个环节，是将采购来的软装物品进行合理摆放。软装物品摆放位置的不同，会带来不一样的装饰效果，因此，合理地布置家具、灯具及其他软装饰品，对于营造家居氛围有着十分重要的作用。此外，还要处理好软装与空间的关系，以营造最为舒适的家居环境为准则，让软装物品与设计在家居空间中得以更好地展现。

灯具安装

灯具到货后应该先拆开外包装，检查外观有无损坏，再通电检查是否能正常运行，然后着手安装。安装灯具前，应该规划好灯具安装位置和灯具安装类型并留好电源线。灯具尽可能不要直接安装在吊顶上，如果要安装在吊顶上，应确保吊顶的承重能力。

窗帘安装

窗帘由帘杆、帘体、配件三大部分组成。在安装窗帘的时候，要考虑到窗户两侧是否有足够放窗帘的位置，如果窗户旁边有衣柜等大型家具，则不宜安装侧分窗帘。窗帘挂上去后需要进行调试，检查能否拉合及高度是否合适。

家具摆设

待灯具及窗帘安装完毕后，就可以进行家具的摆设了。摆设家具最好做到一步到位，特别是一些组装家具，多次拆装会对家具造成一定的损坏。如果房子采光不足，应尽量避免大型家具的使用，同时还要控制好家具的数量。

装饰画悬挂固定

家具摆好后，就可以确定悬挂装饰画的准确位置。可以选择悬挂在墙面较为开阔、醒目的地方，如沙发后的背景墙或正对着门的墙面等，切忌在不显眼的角落和阴影处悬挂装饰画。

壁饰工艺品安装

不同材质与造型的壁饰工艺品能给家居空间带来不一样的视觉感受。在选择和安装时注意既要与空间的整体装饰风格相统一，又要与室内已有的其他物品，在材质、肌理、色彩、形态的某些方面，显现适度的呼应或对比。

摆件工艺品摆设

通常同一个空间中的摆件工艺品的数量不宜过多，摆设时注意构图原则，避免在视觉上形成一些不协调的感觉。具体可以根据空间格局及居住者的个人喜好进行搭配设计。

地毯铺设

在铺设地毯之前，家居空间内的装饰及软装摆场必须全部完毕。地毯按铺设面积的不同可以分为全铺与局部铺，如果是大面积全铺，应将地毯先铺好，然后将保护地毯的纸皮铺到上面，避免弄脏。

软装进度表																																			
采购项目	时间（人数）																																		
	1	2	3	4	5	6	7	8	9	10	11	12	13	14	15	16	17	18	19	20	21	22	23	24	25	26	27	28	29	30	31	32	33	34	35
家具																																			
灯饰																																			
装饰画																																			
地毯																																			
装饰品																																			
花艺																																			
窗帘																																			
床品																																			
方案图纸确认期																																			
色板与物料板确认期																																			
采购期																																			
制作期																																			
整理出货																																			

五、完成软装后的维护和照顾

一个空间的软装足以表达主人对生活的态度，软装工作完成以后，还有一部分便是后期的维护和照顾。空间中一切物品需要按当初设计的样子摆放。如果损坏了，也需要及时地处理和修缮。包括那些让空间充满生气的花花草草，也需要悉心的照顾。

有些空间刚刚完成时非常美，但年常日久忘记打理，物品没有保持原来的状态，或者没有在原来的位置上，再好的设计也会失去光芒。有些物品并非贵重，但只要经过精心设计，同样值得珍惜。每一个设计都有自己的艺术生命，一切设置好以后，经过长期的维护才会体现其价值。

Furnishing

2

Design

第二章

家具摆设、色彩与
风格搭配

家具摆设布置法则

一、家具尺寸与空间比例

　　家具是家居空间中体量最大的软装元素。选择家具不能只看外观，尺寸的合适与否也是很重要的，往往在卖场看到的家具总会感觉比实际的尺寸小。觉得尺寸应该正合适的家具，实际上大一号的情况也时有发生。所以，有必要事先了解家具实物，在掌握家具尺寸后再认真考虑。

　　然后要按一定比例放置家具。室内的家具大小、高低都应有一定的比例。这不仅为了美观，更重要的是关系到舒适和实用。如沙发与茶几、书桌与书椅等，它们虽然分别是两件家具，使用时却是一个整体。如果大小、高低比例不当，既不美观，又不实用。

◇　床与卧室面积不宜超过 1 : 2 的比例，一味追求大床而忽略与空间的关系，只会适得其反

◇　客厅中沙发所占面积不要超过客厅总面积的 1/4 ～ 1/3，否则会产生拥挤感

　　各种家具在室内占有空间，不能超过50%，否则空间会显得比较压抑。从美学的角度来讲，一般家具占空间的1/3，应该是最好看的。

二、家具摆设与动线关系

在生活中，房间的舒适程度与人能否活动方便直接相关。例如，做饭时在厨房与餐厅之间走动，晾衣服时在卫浴间和阳台之间走动，为了更有效地完成这些活动，需要制定一个最佳活动路线，能最便捷地到达想去的房间内的每个地方。

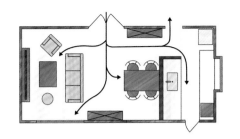

空间大小包括平面面积和空间高度。空间相互之间的位置关系和高度关系，以及家庭成员的身心状况、活动需求、习惯嗜好等，都是动线设计时应考虑的基本因素。

◇ 家具布局应遵循一定的活动路线

◇ 儿童房的床和其他家具靠边摆放，给孩子腾出更多的活动空间

在一些精装房中，有很多限制家具位置的因素，所以活动路线容易集中到一个方向，如果家庭成员同时进行不同的活动，就可能发生碰撞，这样会影响日常生活。为了确保每个人都有自己方便的活动路线，可以将家具集中在房间的一个位置，设计出一个开放的空间，有时还需要有尽可能不放置家具的决心。

在摆设家具时不能依照"家具本身是否能放进这块地方"来做判断，还要考虑到在家具周围做一些动作时所需的空间。比如拉开餐椅，后面的空间可否供人通行；衣柜摆放在床边，如果距离十分近，衣柜的门可能无法完全打开，而且下床的人会不小心碰到衣柜；在大门后设置鞋柜，鞋柜太大，导致大门无法完全开启，而且大门挡着鞋柜门的开启，这些就是没有计算好活动空间的结果。

其中床边的空间最容易被忽视，不仅开关窗需要一定的空间，窗帘较为厚重时，收起时造成褶皱也会占据宽度在20 cm左右的空间，放置家具时，需要为其留出余地。

◇ 一般鞋柜应放在大门打开后空白的那面空间，而不应藏在打开的门后

◇ 房间的长大于宽的时候，在床边的位置摆设衣柜是最常用的方法。在摆放时，衣柜最好离床边的距离大于1 m，这样方便日常的走动

普通的抽屉在打开时，需要留出90 cm宽的空间。沙发与茶几之间的距离以30 cm为宜。过道至少要留出50 cm宽的空间。考虑到端着盘子或是抱着换洗衣物的情况，最好要留出宽度为90 cm左右的空间通过。

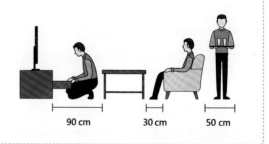

90 cm   30 cm   50 cm

三、家具布置的二八法则

　　家具布置时最好忘记品牌的概念，建议遵循二八搭配法则。意思就是空间里 80% 的家具使用同一个风格或时期的款式，而剩下的 20% 可以搭配一些其他款式进行点缀，例如，可以把一件中式风格家具布置在一个现代简约风格的空间里面。但有些款式并不能用在一起。例如，维多利亚风格的家具与质朴自然的美式乡村家居格格不入，但和同样精致的法式、英式或东方风格的传统家具搭配时就很协调；而美式乡村风格的家具和现代简约风格的家具就可以搭配在一起。

◇ 带有现代轻奢质感的丝绒贵妃榻与雕刻传统中式图案的实木柜完美共存于同一个空间

四、家具摆设与灯光的关系

　　软装家具的摆设不仅不能影响到自然采光，而且要保证照明灯饰的合理分布，不能因家具的摆放产生灯光的强弱分布，从而影响室内的光线布局。照明灯饰的设计和家具摆设要同时考虑，家具的摆设不能影响照明灯饰的使用，如平层公寓卧室里的吊灯最好不要安装在床的正上方，否则人站在床上时就有可能碰到吊灯。

◇ 卧室吊灯应安装在床尾上方的位置

很多室内空间合选择使用射灯来突出某一个区域的装饰元素，在这样的空间内，如果搭配表面光滑的家具，会形成强烈的光线反射，而过高的光线反射会对视力造成较大的影响。因此可考虑搭配亚光家具，以便更好地改变光的传播路线，有利于保护视力。

◇ 容易形成强烈光线反射的烤漆家具

◇ 亚光表面的布艺家具

五、家具布置的视线调整

在室内设计中，选择较低的家具来收纳物品时，向前或者向后的视线都不会被遮挡，这样就会感觉空间比实际空间的面积更宽敞。同时还要注意将高大家具摆放在房间角落或者靠墙的位置，这样不会给人压迫感。

布置家具时，立体方位也是一个重点。坐在餐桌旁边时，如果能看见厨房的整个水槽，或者看见厨房摆放的杂乱东西，可能会心情不畅快。在这种情况下，只需改变一下餐桌的朝向，使视线避开水槽就可以了。此外，坐在椅子上时，进入眼帘的景观也需要考虑；坐在沙发上时，餐厅桌椅下的脚是否可以被看到，杂乱的厨房是否能够被看到，这些问题也需要提前考虑。要尽量让视线向窗外或墙面的装饰画上集中，然后据此配置各种椅子类的家具。

从厨房可以看到餐厅与客厅的状况，但坐在沙发上却看不到厨房，通常房间内空间不足时，可将视野向室外引导。

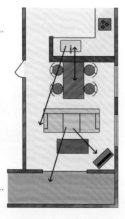

坐在沙发上直视只能看到厨房一小处，同时也可以看到室外，给人以恰到好处的开阔感。

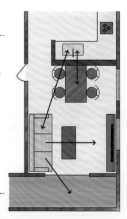

六、家具平面布置与立面布置

家具的平面布置与其立面布置是紧密相关的，不能将两者截然分开。例如，在考虑家具平面布置的均衡与合理的同时，还必须从空间布局上加以对比，不能将高大家具并排布置，以免和低矮家具造成强烈的对比，失去高度上的平衡，而应在满足平面布局的基础上，尽可能做到家具的高低相接，大小相配，以形成高低错落的韵律感。

同样，在考虑家具的立面布置时也要兼顾家具的平面布置。家具应均衡地布置于室内，若一角放置很多家具，而另一角则比较空旷，那么，即使在立面布置上做到了高低错落有致，在平面布局上也是不能接受的。

◇ 从立面上看，同一区域内布置的家具应形成高低错落的视觉感

◇ 看似随意布置的家具无论从造型、高度还是色彩上，彼此之间都存在紧密的联系

每一件家具都有不同的体量感和高低感，无论如何摆放，都要注意大小相衬、高低相接、错落有致。摆在一起的家具，如一张小巧精致的餐桌，旁边就不要摆过大或过重的家具。如果彼此间的大小、高低和空间体积过于悬殊，肯定会让人有不适感。

家具色彩搭配重点

一、家具色彩的主次关系

主体色家具是指在室内形成中等面积色块的大型家具,具有重要地位,通常形成空间中的视觉中心。不同空间的主体有所不同,因此主体色也不是绝对性的。例如,客厅中的主体色家具通常是沙发,餐厅中的主体色家具可以是餐桌也可以是餐椅,而卧室中的主体色家具一定是床。

一套家具通常不止一种颜色,除了具有视觉中心作用的主体色之外,还有一类作为配角的衬托色,通常安排在主体色家具的旁边或相关位置上,如客厅的单人沙发、茶几,卧室的床头柜、床榻等。

点缀色家具通常用来打破单调的整体效果,所以如果选择与主体色家具或配角色家具过于接近的色彩,就起不到点睛的作用了。为了营造出活力的空间氛围,点缀色家具最好选择高纯度的鲜艳色彩。室内空间中,点缀色家具多为单人椅、坐凳或小型柜子等。

衬托色家具　　　　主体色家具　　　　点缀色家具

二、家具材质与色彩的关系

　　同种颜色的同一种家具材质，选择表面光滑与粗糙的进行组合，就能够形成不同明度的差异，能够在小范围内制造出层次感。玻璃、金属等给人冰冷感的材质被称为冷质家具材料，布艺、皮革等具有柔软感的材质被称为暖质家具材料。木料、藤等介于冷暖之间，被称为中性家具材料。暖色调的冷质家具材料，暖色的温暖感有所减弱；冷色的暖质家具材料，冷色的感觉也会减弱。

◇ 冷质家具材料

◇ 暖质家具材料

◇ 中性家具材料

　　不同材质的家具在色彩搭配时应遵循一定的规律。例如，藤制家具由自然材质制成，多以深褐色、咖啡色和米色等为主，属于比较容易搭配的颜色。如果不是购买整套家具，则需要与家具空间的颜色相搭配。深色空间应选择深褐色或咖啡色的藤艺家具，浅色的藤艺家具比较适合用在浅色家居空间。

三、家具色彩搭配方案

　　家居空间中除了墙面、地面、顶面之外，最大的就是家具的颜色面积，整体配色效果主要是由这些大色面组合在一起形成的，单一地考虑哪个颜色往往达不到和谐统一的整体配色。

　　三人沙发作为主体家具，色彩与亚麻地毯相协调，并通过抱枕图案的点缀，再次与地面形成呼应。

　　单人沙发作为小件家具，与墙面的色彩构成同类色搭配，通过明度变化制造出空间的层次感。

◆ 方案 1

如果不想改变家居空间的硬装色彩，那么家具的颜色可以和墙、地面的颜色进行搭配。例如，将房间中大件的家具颜色靠近墙面或者地面，这样就保证了整体空间的协调感。小件的家具可以采用与背景色对比的色彩，从而制造出一些变化，既增加整个空间的活力，又不会破坏色彩的整体感。

◇ 小件家具采用与背景色对比的色彩，增加整个空间活力

◇ 大件家具与墙面色彩融为一体，保证了整体的协调感

◆ 方案 2

将主色调与次色调分离出来。主色调是指在房间中第一眼会注意到的颜色。大件家具按照主色调来选择，尽量避免家具颜色与主色调差异过大。在布艺部分，可以选择与次色调的家具进行协调，这样显得空间更有层次感，主次分明。

◇ 将主色调与次色调分离，大件家具按主色调进行选择，小件家具通过撞色活跃空间氛围

◆ 方案 3

将房间中的家具分成两组，一组家具的色彩与地面靠近，另一组则与墙面靠近，这样的配色很容易达到和谐的效果。如果感觉有些单调，那就通过一些花艺、抱枕、摆件、壁饰等软装元素的鲜艳色彩进行点缀。

◇ 客厅沙发与墙面的色彩相近，单人椅与地面的色彩相近，这样的配色很容易达到和谐的效果

主流风格家具特征

一、轻奢风格家具

各种各样的丝绒是由时装流传而来的材质，隐隐泛光的质感非常符合轻奢的气质，通常应用于家具的面料。无论喜欢什么形状的沙发或椅子，都可以把材质换成丝绒，精致还自带高级感。

烤漆家具光泽度很好，并且具有很强的视觉冲击力，似乎专为轻奢风格而生。此外，还可以为烤漆家具融入镜面、金属等材料，让其更加时尚耐看，光彩夺目。

整体为金属或带有金属元素的家具，不仅能营造精致华丽的视觉效果，而且以其富有设计感的造型，能让轻奢风格的室内空间显得更有品质感。此外，近年来大理石在家具设计中的运用也越来越多见，天然大理石和金属的碰撞，让轻奢空间更显立体感和都市感。

◇ 丝绒家具

◇ 金属家具

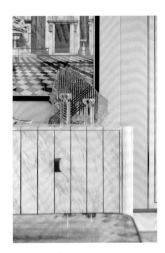

◇ 大理石家具

二、北欧风格家具

北欧风格家具以低矮、简约的造型为主，在装饰设计上一般不使用雕花、人工纹饰，呈现出简洁、实用及贴近自然等特征。此外，还会将各种实用的功能融入简单的造型中，从人体工程学角度进行考量与设计，强调家具与人体接触的曲线准确吻合。因此，北欧风格家具不仅使用起来舒服惬意，还展现出淡雅、纯粹的韵味与美感。

北欧人习惯就地取材，常选用桦木、枫木、橡木、松木等木料，加工时尽量将木材与生俱来的木质纹理、温润色泽和细腻质感完全地融入家具中。在颜色上也不会选用太深的色调，以浅淡、干净的色彩为主，最大限度地展现出北欧风格的自然气息。随着现代工艺的进步，北欧家具也会使用如玻璃、塑料、纤维等现代材料，并且在颜色搭配上更为灵活，以其多元的设计风格得到了更多年轻人的青睐。

◇ 线条简洁优美是北欧风格家具的主要特征之一

◇ 北欧风格家具通常会融入多种实用的功能设计

◇ 融入现代材料的北欧风格家具

◇ 贴近自然的原木家具

名称	图示	特点
蚂蚁椅		蚂蚁椅是丹麦著名设计师阿诺·雅各布森（Arne Jacobsen）的代表作，因其形状酷似蚂蚁而得名。早期的蚂蚁椅是三条腿的设计，为了增加使用时的稳定性，现在一般会将其设计成四条腿
壶椅		从整体结构上来看，壶椅是一张极具包容性的椅子。壶椅的椅座形如一个壶斜切后的下半部分，其四角支架与蚁椅相似。支架金属材质的光泽与上半身壶座的织物对比鲜明，并且大小比例处理得十分完美
贝壳椅		贝壳椅是丹麦大师汉斯·瓦格纳（Hans J. Wegner）的经典代表作之一，椅座和椅背的设计形似拢起的贝壳，由于其优美的弧度能轻柔地包裹着身躯，因此还可以起到缓解疲劳的作用
伊姆斯椅		伊姆斯椅是由美国设计师伊姆斯夫妇于1956年设计的经典餐椅。伊姆斯椅的设计灵感来自于法国的埃菲尔铁塔，整体利用弯曲的钢筋和成形的塑料制造，外形优美、功能实用，因而广受欢迎
帕伊米奥椅		帕伊米奥（Paimio）椅的卷形椅背和椅座是由一整张桦木多层复合板制成的，椅腿和扶手也是由桦木多层复合板制成的。整体结构流畅优美，而且开放式的框架曲线十分柔和亲切
蛋椅		蛋椅采用了玻璃钢的内坯，外层是羊毛绒布或者意大利真皮，内部则填充了定型海绵，增加了使用时的舒适度，而且耐坐不变形。此外，还加上精心设计的扶手与脚踏，使其更具人性化
球椅		球椅由芬兰著名的设计师艾洛·阿尼奥（Eero Aarnio）设计，其结构简单，上边是半球造型，下面则是旋转的支撑脚，因此可360°旋转。球椅不仅在外观上独具个性，而且能为家居空间营造出舒适、安静的氛围

名称	图示	特点
Y形椅		Y形椅由椅子设计大师汉斯·瓦格纳设计，其名字源于其椅背的Y字形设计。此外，Y形椅的设计灵感还借鉴了明式家具，其造型轻盈而优美，因此不仅实用还非常美观
中国椅		中国椅由汉斯·瓦格纳在1949年设计，灵感来源于中国圈椅，从外形上可以看出是明式圈椅的简化版，唯一明显的不同是下半部分，没有了中国圈椅的鼓腿彭牙、踏脚枨等部件，符合其一贯的简约自然风格
天鹅椅		天鹅椅于1958年由丹麦设计师阿诺·雅各布森所设计，其流畅的雕刻式造型与北欧风格的传统特质加以结合，展现出了简约时尚的生活理念
潘顿椅		潘顿椅是全世界第一张用塑料一次模压成型的S形单体悬臂椅，因此也被称为美人椅。潘顿椅的外观时尚大方，有着流畅大气的曲线美，而且其色彩也十分艳丽，并且具有强烈的雕塑美感
孔雀椅		孔雀椅由丹麦著名的设计师汉斯·瓦格纳所设计，具有后现代主义的仿生特征，由于其椅背形似孔雀，因而得名。孔雀椅的灵感源泉是17世纪流行于英国的温莎椅，经过独特创新的思维，将其重新定义并设计出更为坚固的整体结构
圆凳		圆凳的整体结构造型非常朴素低调，一般由四个简单的构件组成，而且其表面也常只涂一层清漆作为保护，保留了木材的色泽与纹理。作为独立的个体，圆凳已不仅仅是一件家具，而且还代表了对简单生活的向往与追求
层压胶合板悬挑椅		马特·斯坦（Mart Stam）于1926年设计出第一把悬挑椅，从那时起，人们就误认为钢材是唯一能用于这种结构的材料。然而，阿尔瓦·阿尔托（Alvar Aalto）却在反复实验后确信层压胶合板也具备这样的性能，并成功地在1938年设计出了世界上第一把层压胶合板悬挑椅

三、工业风格家具

工业风格的空间对家具的包容度很高，可直接搭配金属、皮质、铆钉等材料的工业风家具，如皮质沙发、做旧木箱、航海风的橱柜及玛莱（Tolix）椅等。

工业风格的桌几常使用回收旧木或金属铁件进行制作，质感上较为粗犷，茶几或边几在挑选上应与沙发材质有所连接，以形成视觉上的关联感。

工业风格的餐桌常出现实木或拼木桌板配铁制桌脚，切记桌脚的造型要跟空间中的主要线条相互配合，才会避免产生不协调的突兀感。

工业风格的餐桌、书架、储物柜及边几的底部经常带有轮子，不仅实用，而且灵活度高。皮革沙发通常有金属脚的结构，可选择金属搭配玻璃、金属搭配木质、金属搭配大理石等。

◇ 工业风格中的金属家具一般采用金属与木材制造，或者用铁木结合的形式

◇ 带有轮子的做旧木质茶几不仅实用，而且灵活度高

◇ 表面带有磨旧质感的皮质沙发能更好地展现复古的感觉

◇ 玛莱椅是经典的工业风格椅，于1934年由扎维·博洽德（Xavier Pauchard）设计，被全世界时尚设计师所宠爱，是一把有味道、有态度的椅子。它早期是作为户外用家具，被全世界时尚设计师所宠爱之后，顺利从室外扩展到家居、商业、展示等多个用途

四、日式风格家具

日式风格家具一般比较低矮，而且偏爱使用木质，如榉木、水曲柳等。在家具造型上十分简洁，虽没有多余的装饰与棱角，但能在简约的基础上创造出和谐自然的视觉感受。提起日式家具，让人立即想到的就是榻榻米及日本人跪坐的生活方式，这些典型的特征，都给人以非常深刻的印象。

明治维新后，西式家具和装饰工艺对日本家具产生了极大的影响，以其设计合理、功能完善，并且符合人体工学，对传统日式家具形成了巨大的冲击。时至今日，西式家具在日本仍然占据主流，但传统家具并没有消亡，因此，日式风格家居在家具的选择上，形成了日式与西式结合的搭配手法，并为绝大多数人所接受，而全西式或全日式都很少见。

日式现代家具清新、秀丽，把东方的神韵和西方的功用性、有机造型相结合。形体上多为直角、直线型设计，线条流畅。制作工艺精致，使用材料考究，多使用内凹的方法把拉手隐藏在线脚内。家具在色彩的采用上多为原木色，旨在体现材质最原始、最自然的形态。

◇ 日式榻榻米家具

◇ 纸灯具有质感轻盈、飘逸的特点，是早期日式风格家居中最具代表性的灯饰

◇ 现代日式家具

◇ 传统日式家具

五、美式风格家具

美式家具在展现出怀旧情怀的同时又有着极强的个性，表达了美国人向往自由，热衷于创新的精神。此外，美式家具在设计风格上极具包容性，并且追求实用、舒适、贴近大自然，所以非常具有亲切感。传统的美式家具为了顺应美国居家空间大与讲究舒适的特点，给人的感觉都很粗犷。皮质沙发、四柱床等都是经常用到的美式家具，虽然尺寸比较大，但实用性非常强。现代美式家具油漆以单一色为主，家具的制作材料以木质居多，并且偏爱树木在生长期中产生的特殊纹理，强调木质自身的纹理美，因此不适合大面积使用雕刻，一般在家具上的边脚、腿部等处做小幅度雕饰作为点缀即可。

美式风格的沙发表面多为质地饱满的布料或皮革款式，复古气息浓厚，细节部分则加入铆钉，强调细致特色。此外，矮柜作为美式家具的一种，使用普遍性较高，且兼具实用收纳和陈设的功能。简洁的框纹符合任何空间的架构，经过时光沉淀后，仿旧和本身木质纹理是最好的装饰。

◇ 具有复古感的美式家具表达了美国人的怀旧情感

◇ 温莎椅起源于英国，但成名于美国，是美式乡村风格的代表。椅背、椅腿、拉挡等部件基本采用纤细的木杆旋切而成，椅背和座面充分考虑人体工程学，具有很好的舒适感，因此温莎椅以自己的独特性、稳定性、时尚性、耐用性等特点历经 300 年而长盛不衰

◇ 现代美式风格沙发

◇ 传统美式长椅

六、法式风格家具

法式风格的家具除了常见的白色、黑色、米色外，还会选择性地使用金色、银色、紫色等极富有贵族气质的色彩，给家具增添贵气的同时，也带来了一丝典雅气质。从造型上看，法式风格的家具一般采用带有一点弧度的流线型设计，如沙发的沙发脚、扶手处，桌子的桌腿，床的床头、床脚等，边角处一般都会雕刻精致的花纹，尤其是桌椅角、床头、床尾等部分的精致雕刻，从细节处体现出法式家具的高贵典雅。一些更精致的雕花会采用描银、描金处理，金、银的加入让法式风格的家具更显精致、贵气。

◇ 法式风格的家具一般采用带有一点弧度的流线型设计，有一种华贵气质

◇ 法式风格家具上的雕花通常会采用描银或描金的处理

◆ 法式巴洛克家具

巴洛克家具往往会采用花样繁多的装饰，打破过于传统严肃的空间氛围，如做大面积的雕刻或者是金箔贴面、描金涂漆处理，装饰细节通常会覆盖整个家具，并在坐卧类家具上使用面料包覆，均以华丽的锦缎织成，以增加坐卧时的舒适感。

◆ 法式洛可可家具

洛可可家具带有女性的柔美，最明显的特点就是以芭蕾舞动作为原型的椅子腿，可以感受到那种秀气和高雅，那种融于家具当中的律美，注重体现曲线的特色。

◆ 法式新古典家具

新古典家具在古典家具求新求变的过程中应运而生，是一种在古典风范与现代精神结合的基础上，经过改良的线条简约的欧式家具。它既有古典家具的曲线和曲面，又加入了现代家具的直线条，因此更加符合现代人的审美及生活方式。

◆ 法式田园风格家具

法式田园风格家具的尺寸比较纤巧，而且家具非常讲究曲线和弧度，极其注重脚部、纹饰等细节的精致设计。材料则以樱桃木和榆木居多。很多家具还会采用手绘装饰和洗白处理，尽显艺术感和怀旧情调。

七、新中式风格家具

新中式风格家具摒弃了传统中式家具的繁复雕花和纹路，运用现代的材质及工艺，去演绎传统中国文化中的精髓，使家具不仅拥有典雅、端庄的中国气息，而且具有明显的现代特征。新中式家具的设计在形式上简化了许多，通过运用简单的几何形状来表现物体，多以线条简练的仿明式家具为主。与传统中式家具最大的不同就是，新中式家具虽有传统元素的神韵，却不是一味照搬。例如传统文化中的象征性元素，如中国结、山水字画、青花瓷、花卉、如意、瑞兽、祥云等，常常出现在新中式家具上。但是造型更为简洁流畅，既透露着浑然天成的气息，又体现出巧夺天工的精细。

在材料上，新中式家具所使用的材质不仅仅局限于实木这一种材质，如玻璃、不锈钢、树脂、UV 材料、金属等也常被使用。现代材料的使用丰富了新中式家具的时代特征，增强了中式家具的艺术表现形式，使新中式元素具有新时代的气息。

◇ 新中式家具设计在形式上简化了许多，多见直线条的造型

◇ 金属、大理石等现代材料的使用丰富了新中式家具的时代特征

◇ 新中式家具上经常出现传统文化的象征性元素

八、后现代风格家具

后现代家具不像现代家具那般注重功能、简化形态、反对过多的装饰，而是注重装饰的要求、轻视功能、注重体构成上的游戏心态，近乎怪诞。也就是说后现代家具是指形式奇怪、色彩狂躁、技术暴露的家具。

后现代家具有轻功能、重装饰的特点，突破了传统家具的烦琐和现代家具的单一局限，注重个性及创造性的表现，常使用具有反光功能的新材料，如金属、玻璃、亚克力等，让居家充满戏剧感和趣味性，表达不破不立的生活态度，拥有自己独特的风格与艺术追求。

随着家具行业的不断发展，后现代风格家具的设计也呈现出日新月异的趋势。在后现代风格的空间添加一些奇妙的异形家具，能为家居生活带来意想不到的惊喜。这种造型独特、突破传统常规的家具设计，给人们带来了一种全新的感觉和生活体验。

◇ 后现代风格的家具有轻功能、重装饰的特点

◇ 后现代风格空间常见造型独特、突破传统常规的家具设计

◇ 后现代风格家具无论是在造型上还是在材质上，都给人以视觉上的全新体验

◇ 具有反光功能的新材料家具反射出多重赏心悦目的室内景致，让居家充满戏剧感和趣味性

九、东南亚风格家具

东南亚家具在设计上逐渐融合西方的现代概念和亚洲的传统文化，通过不同的材料和色调搭配，在保留了自身的特色之余，产生更加丰富多彩的变化。

取材自然是东南亚风格家具最大的特点，常以水草、海藻、木皮、麻绳、椰子壳等粗糙、原始的纯天然材质进行制作，带有热带丛林的味道。在制作家具常以两种以上不同材料混合编织而成，如藤条与木片、藤条与竹条等，工艺上以纯手工打磨或编织为主，完全不带一丝现代工业化的痕迹，而且材料之间的宽、窄、深、浅，形成有趣的对比，犹如一件手工艺术品般美观。在家具色泽上保持自然材质的原色调，大多为褐色等深色系，在视觉上给人以质朴自然的气息。

◇ 家具上带有在东南亚具有神圣象征的孔雀图案

◇ 藤制家具既符合追求自然的东南亚风格，也能彰显源自天然的质朴感

◇ 雕刻精美的柚木家具独具东南亚特有的民族风情

十、地中海风格家具

地中海风格家具往往会以做旧的工艺，展现出风吹日晒的自然美感。在家具材质上，一般选用自然的原木、天然的石材或者藤类，还有独特的锻打铁艺家具，也是地中海风格常见的搭配。

地中海风格家具非常重视对木材的运用并常保留木材的原色，同时也常见其他古旧的色彩，如土黄色、棕褐色、土红色等。如果是户型不大的地中海风格空间，最好选择一些比较低矮的家具，让视线更加开阔。同时，家具的线条应以柔和为主，可选择一些圆形或是椭圆形的木制家具，让空间显得更加柔美清新。在给家具搭配布艺及配饰时，可选择一些素雅的图案，以凸显地中海风格所营造的自然氛围。

◇ 船形家具以其独特的造型让人感受到来自地中海的海洋风情

◇ 最能体现复古风情的铁艺床也是地中海风格的产物

◇ 藤制家具是经常出现在地中海风格空间的家具类型之一

◇ 做旧处理工艺的家具仿佛带有被海风吹蚀的自然印迹

常见家具材料类型

材料是构成家具的基础，日常生活环境中有成千上万种材料，各种材料都有着自身的纹理、质感和触感特征。因此，在选择家具时，必须考虑材料的特性，帮助家具体现固有的功能特征。

家具类型	图示	家具特点	适用风格
实木家具		表面一般都能看到木材真正的纹理，可分为纯实木家具与仿实木家具。纯实木家具的所有用料都是实木，仿实木家具是实木和人造板混用的家具	中式家具一般以硬木材质为主；美式乡村风格空间常用做旧工艺的实木家具；日式风格的实木家具一般比较低矮；北欧风格的实木家具更注重功能实用性
板式家具		以人造板为主要基材、以板件为基本结构的拆装组合式家具，价格一般远低于实木家具的价格	基本采用的都是木材的边角余料，无形中保护了有限的自然资源，是现代简约风格中最为常见的家具类型
金属家具		以金属材料为架构，配以布艺、人造板、木材、玻璃、石材等制造而成，也有完全由金属材料制作的铁艺家具	轻奢风格空间中常见整体为金属或带有金属元素的家具，铁艺家具适合地中海风格、工业风格等带有复古气质的空间风格

家具类型	图示	家具特点	适用风格
玻璃家具		选用高强度的玻璃为主要材料，配以木材、金属等辅佐材料制作而成，相比其他材质的家具，可以制造出各式各样的优美造型	张扬抽象的不规则形状的玻璃家具适用在装饰艺术风格的空间里，方形、圆形玻璃家具更适合运用在简约风格的空间中
布艺家具		应用最广的家具类型，其最大的优点就是舒适自然，休闲感强，容易让人体会到家居放松感，可以随意更换喜欢的花色	现代简约、田园、新中式或混搭风格空间都可以选用布艺家具，其中丝绒布艺家具是轻奢风格空间中常见的家具类型
皮质家具		体积较大，外形厚重，适合面积较大的空间。按原材料的不同可分为真皮、人造皮两种，按表面工艺分为亚光皮家具和亮面皮家具	美式风格中的皮质家具复古气息浓厚，细节部分则加入铆钉的装饰，工业风格的皮质家具通常选择原色或带点磨旧感的皮革
藤质家具		最大的特色是吸湿、吸热、透气、防虫蛀，以及不会轻易变形和开裂等。而且其色泽素雅、光洁凉爽，给人以浓郁的自然气息和清淡雅致的情趣	在希腊半岛爱琴海地区，手工艺术十分盛行，当地人对自然的竹藤编织物非常重视，所以藤类家具常用在地中海风格的空间。东南亚风格的家具常以两种以上不同材料进行混合编织，如藤条与木片、藤条与竹条等
亚克力家具		具有极佳的耐候性，以及较高的硬度和光泽。既可采用热成型，也可以用机械加工的方式进行制作。不仅色彩丰富，而且造型简洁明快，不会过多占用空间面积	带有几何造型感的亚克力家具，可以更好地展现现代风格的装饰特征。在为居住环境营造视觉焦点的同时，还能将极简理念融入室内设计中

定制家具制作工艺

一、定制家具与成品家具的对比

定制家具是指可以根据个人喜好和空间细节定做个性化的家具配置，除了独一无二之外，还能满足不同业主对家具的不同个性需求，特别是款式、尺寸和颜色上能满足个人偏好。

定制家具的报价通常以家具规格、材质、制作工艺进行报价，不同公司的报价会有所差异，以某户型的定制橱柜为例，在客户将板材、五金件等确定之后，家具设计师会给客户一个最终的报价。这个报价按照家具的面积、使用的五金件等设备，家具设计师会对其做一个预算，告知客户这套定制橱柜的大致金额，最终的报价会在预算的价格上下浮动。

项目	成品家具	定制家具
空间应用	一般指已经制作好的家具，无法改变家具的外观、尺寸或格局	按业主的实际需求而设计，可根据房型空间专门量身定制
风格种类	在风格上更为多样化，基本上不同风格的家具店都可以找到相应风格的家具产品	风格的选择也越来越多，厂家设定了许多家具模板，可根据业主需求进行匹配生产
制作费用	根据材料、品牌的不同，便宜的家具只需几十元或上百元，贵的价格可达几千、几万元等，业主可根据自己的经济能力选择可以承担的价位	定制的家具都比较讲究，对工艺要求较高，而且是为单个业主按需定制，其设计和制作的成本都比较高，价位自然也比较高
交货时间	交货时间比较快，业主只要根据家居风格进行选择，就可以很快地将家具搬入新家	需要提前测量、设计、制作，最后再上门安装，整个周期会比较长一些

在签定制家具的合同时一定要非常谨慎，合同内容应尽量明确家具的尺寸、价格、材质、颜色、交货及安装时间等信息，并对可能出现的延期交货及质量问题等约定相应的赔偿或退换货标准。另外，送货上门及安装环节，一定要亲自到场查验，一旦发现问题，应当场指出并拍照留存以备维权时作为依据。

二、家具定制设计流程

从家庭装修的角度而言，定制家具的设计流程大致可以分为导购、丈量尺寸、方案设计、下单生产、安装、售后服务。

◆ 导购

由专业的家具销售人员详细介绍所需家具各方面的内容，目的是让购买者了解家具商品是否符合自己所需，以辅助购买者做出决定，实现购买。一般导购的内容主要有家具的形式、功能、品质、材料、构造等。有些甚至可以通过 VR 技术真实感受家居设计效果场景。

◆ 量尺

初步量尺需要在水电改造之前预约，让专业工作人员来进行初步测量，确定家具的摆放位置及使用方式。等贴完瓷砖后，工作人员会进行第二次复尺测量，这时沟通确定定制家具的风格、颜色、款式及个性化内部需求等。

> 量尺的内容主要针对客户所需的家具空间尺寸，包括家具墙面的长、宽、高，柱面的尺寸和位置，门窗的尺寸和位置，家具摆放的位置和尺寸等。

◆ 方案设计

确定空间尺度以后，设计师会根据客户家庭成员构成、家庭的生活状态、生活习惯及生活方式等基本情况，从专业的角度与客户的需求，对家具进行初步设计，再约见客户确定方案。客户可以根据自己的需求提出修改意见，并与设计师进行沟通，完成方案。

> 因为家具定制无法提前预见成品，所以在制作之前一定要确定设计方案，不能因为觉得麻烦而草草签字。一般商家都会有设计师根据尺寸和业主的需求画出设计图给业主确定，遇到不明白的地方需要及时与设计师沟通，避免出现任何差错。

◆ 下单生产

设计方案确定以后，需要预付部分订金，以确认订单。设计师根据客户所确认的订单，通过定制设计软件形成各种生产所需图纸，并发送工厂进行订单的生产安排。

◆ 安装

工厂根据下单的设计图纸将家具拆分为零部件图，并将其进行排号、生产，然后打包运输至安装现场。定制家具的安装由专业安装人员进行拆包、安装和调试。家具安装完成后，由客户确认，并付清所有费用。

◆ 售后服务

在家具使用过程中，如果有疑问，可以电话联系商家客服进行有效沟通。如在保修期内家具出现问题，通常商家会委派专业人员上门进行保修服务，解决问题。保修期外，商家可按照合同中的保修项目，提供义务咨询服务或适当地收费维修服务。

导购　　　量尺　　　方案设计　　　下单生产　　　安装　　　售后服务

三、家具定制工艺流程

多数定制家具厂家的生产工序集中在柜体和门的生产上，其他零部件往往采用外协加工的方式生产。在采购原材料时，很多定制家具厂家会直接采购已经贴面完成的板材，既节省了生产空间，又简化了生产工序。

◆ 检查图纸

定制家具的设计图纸一般由商家的设计师完成。但由于设计水平存在差异，每一个订单的家具款式、造型又都不相同，图纸很容易出现小的误差和错误。因此，在正式下达生产任务前，必须对设计图纸进行审核。

◆ 拆单

这一步骤是从设计图纸到加工文件的转化阶段。拆单主要是把前期设计好的家具拆分成为具体的零件，结果将以生产数据文件的形式保存，内容包括生产加工所需的详细信息。生产系统中的计算机可以识别这些数据，并能够控制加工设备进行加工。

◆ 开料

拆单后的生产文件通过计算机传送到电子开料锯上，工人只需选择相应的文件，电子开料锯就会根据文件中的数据裁切板材。普通的裁板锯也有自己的用武之地，一般是作为电子开料锯的补充使用。一些非标准、少量的板件裁切可以用它来完成，例如运输过程中损坏需要补发的板件。

◆ 封边

定制家具板件的封边与普通板式家具基本一致，只是为了适应小批量、多品种的要求，针对封边工序做了大量优化工作。例如，为了提高加工效率，很多新型的封边机上采用激光来加热封边。

◆ 槽孔加工

定制家具的槽孔加工大多采用数控钻孔中心完成。数控钻孔中心可以在一台设备上实现板件多个方向上的钻孔、开槽、铣削等加工。避免了传统板式家具槽孔加工环节中多台设备调整复杂、工序繁多的缺点。

◆ 表面装饰

定制家具表面装饰可根据生产工艺分为上涂料和免漆两大类。家具生产中常用的涂料有硝基漆（NC漆）、不饱和树脂漆（PE漆）、聚氨酯漆（PU漆）、紫外光固化油漆（UV漆）、水性漆几大类。涂料工艺的装饰效果好，但是生产周期较长，且日常使用中需要精心呵护。因此，从经济性和安全性考虑，一般使用免漆技术的较多。

◆ 包装

定制家具板件一般采用硬纸板包装。板件根据尺寸被整合包装，以节约空间。单件家具或单一批次的家具可能有多个纸包。因为门的结构相对复杂，现场组装难度较大，因此，门需要生产完成后整体包装。

◆ 现场安装

结构较为复杂的家具在生产完成后可在工厂进行试装，确定无误后，拆开再进行包装。到了现场安装操作时，安装人员只需要参考设计图纸就可以完成安装。现场安装过程包括定制家具自身的组装、定制家具与墙体配合等。

由于定制家具是在房屋整体装修基本完成之后在进行安装的，而安装的时候对于装修工程有一定的损害，所以就需要注意安装现场的保护，确保地面、墙面、门窗等不被损坏。

图纸检查　　拆单　　开料　　封边　　槽孔加工　　表面装饰　　包装　　现场安装

Furnishing

Design

3

第三章

家居空间
灯具类型与灯光
照明重点

灯光照明的物理属性

光是一种可见但不可触及的物质，它无时无刻不存在于我们的周围，由此可见其重要性。在室内设计中，灯光设计是一项不可或缺或专业性极强的重要设计内容。在对其进行深入研究之前，首先应了解一下关于光的各种物理属性。

一、色温

色温是指光波在不同能量下，人眼所能感受的颜色变化，用来表示光源光色的尺寸，单位是 K。空间中不同色温的光线，会最直接地决定照明所带给人的感受。

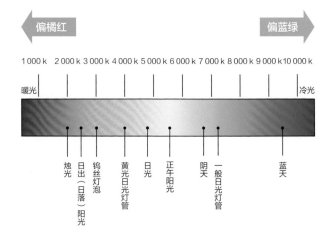

在高色温光源照射下，会在视觉上形成阴冷的感觉；而在低色温光源照射下，则会给人带来温暖感。日常生活中常见的自然光源，泛红的朝阳和夕阳色温较低，中午偏黄的白色太阳光色温较高。一般色温低的话，会带点橘色，给人以温暖的感觉；色温高的光线带点白色或蓝色，给人以清爽、明亮的感觉。

◇ 低色温光源照射给人带来温暖感

色温在 2700~3200 K 时，光源的色品质是黄的，给人一种暖光效果；色温在 4000~4500 K 时，光源的色品质介于黄与白之间，给人自然白光的效果。

二、照度

照度是指被照物体在单位面积上所接收的光通量，其单位为勒克斯（lx），常用符号 E 来表示。它是用于指示光照的强弱和物体表面积被照明程度的量。

在室内照明的设计中，应结合光照区域的用途来决定该区域的照度，最终根据照度来选择合适的灯具。若要求作业环境很明亮清晰的话，照度就会变高。例如，书房整体空间的一般照度约为100 lx，但阅读时的局部重点照明则需要照度至少到 600 lx，因此可选用台灯作为局部照明的灯具。一般情况下，如非必要，用于居住的空间照度最好不要超过 750 lx。

◇ 餐厅与书房两个不同的家居环境有不同的照度需求，阅读比就餐的照度要求更高

◆ **室内空间推荐照度范围** （单位：lx。表中数值为工作面上的平均照度）

室外入口区域	20~50
过道等短时间停留区域	50~100
衣帽间、门厅等非连续工作用的区域	100~200
客厅、餐厅等简单视觉要求的房间	200~500
有中等视觉要求的区域，如办公室、书房、厨房等	300~750

三、阴影

影子是由于光线在照射过程中，被物体遮挡后所形成的阴暗区域，因此影子的存在也是对光的物理属性的一种体现。此外，仔细观察灯光下的影子，还会发现影子中部特别黑暗，四周稍浅，影子中部特别黑暗的部分叫本影，四周灰暗的部分叫半影。这些现象的产生都和光的直线传播有着密切关系。

在室内灯光设计中，对厨房操作区、书房及工作区域的灯光设计中特殊区域的灯光进行布置时，应避免灯光开启后在工作台面上形成阴影区，以免对操作过程造成干扰。

四、显色性

显色性是指不同光谱的光源照射在同一颜色的物体上时，所呈现不同颜色的特性。通常用显色指数（Ra）来表示光源的显色性。光源的显色指数愈高，其显色性能愈好。

显色性是表达光源再现物体颜色的能力，人为规定用显色指数来衡量，显示指数的数值区间是0~100。通俗一点讲，就相当于给某个光源打分，分数值越高，代表这个光源还原物体本色的能力越强。在室内灯光设计中，光源的显色性并不是越高越好，只能说显色性好的灯具的运用区域较为广泛。

◇ 显色性指数越高的光源，照射物体所呈现的颜色与物体在自然光线下的颜色差别越小

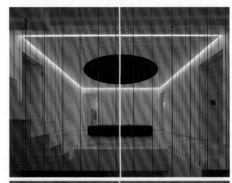

五、光色

光色是指光源的颜色，是光的物理属性体现之一。从前人们认为光是无色的，但1666年牛顿通过三棱镜发现光的色散。通过光的折射，牛顿发现光由不同的波长组成，每种波长与不同的颜色相关联。

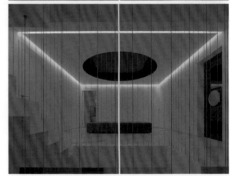

◇ 不同光色所呈现的视觉效果

六、眩光

眩光是一种由光的物理属性所引发的视觉感应，而这种视觉感应会让观者的双眼感到极度不适，加速视觉疲劳。眩光的产生是由于光源的亮度、位置、数量、环境等多方面原因共同作用的结果。

眩光又分为直接眩光和反射眩光两类。直接眩光是指人眼直接接触高亮度的光源以后所产生的刺目感受；反射眩光是指光线直接照射在光滑平整的表面后，反射进入人眼所引起的刺激性眩光。

灯光照明设计重点

一、照明光源种类

家居照明按照光源划分比较常见的有白炽灯、卤钨灯、荧光灯、LED 灯、汞灯、钠灯等。由于发光原理及结构上的不同，各类光源所带来的照明效果有所差异，在使用上也各有利弊，因此在设计室内灯饰前，充分了解各种光源的性能及特点是极为必要的。

类型	图示	特点
白炽灯		白炽灯的色光最接近于太阳光色，通用性大，具有定向、散射、漫射等多种发光形式，并且能加强物体的立体感
卤钨灯		卤钨灯是灯泡内填充了卤族元素或卤化物的充气白炽灯，有着显色性好、制造简单、成本低廉、亮度容易调整和控制等优点
荧光灯		荧光灯属于低压汞灯，也称为日光灯，可分为传统型荧光灯和无极荧光灯两大类，具有耗电少，光感柔和，大面积泛光功能性强等优点
LED 灯		LED 灯是传统光源使用寿命的 10 倍以上。而且同样功率的 LED 灯所需电力只有白炽灯的 1/10，因此 LED 灯具的出现，极大地降低了照明所需要的电能
汞灯		汞灯是利用汞放电时，产生蒸气后，获得可见光的一种气体放电光源，在通常情况下，又将汞灯分为低压汞灯、高压汞灯及超高压汞灯三种
钠灯		钠灯是利用钠蒸气放电产生可见光的电光源，属于高强度气体放电灯泡，可分为低压钠灯和高压钠灯

二、经典灯具应用

类型	图示	特点
分子灯		以极具流畅的线条，以及满足各种 DIY 控的可调节造型，搭配手工吹制的红酒杯灯罩而闻名。除了家居空间之外，同时也活跃在各大网红店铺、咖啡厅、卖场等空间
树权灯	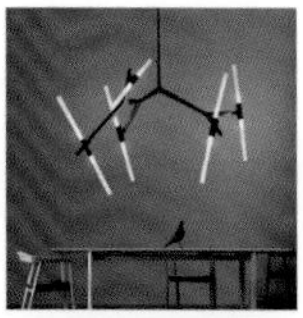	树权灯是手工制作的，外观呈不规则的立体几何结构，由铝＋亚克力的材质制作而成。它线条清晰，衔接角也比较有立体感。即使在不发光时，也能表现出时尚而又美观的气息
魔豆灯		魔豆灯的设计灵感来源于蜘蛛，由众多圆形小灯泡组合起来，铁艺与玻璃的组合带来独一无二的美丽，同时灯罩具有通透性，使用者也可以轻易调节光线照射的方向，为空间创造惊喜和美感
IC 灯		一个蛋白石光球提供漫射光，电源线上配有调光器，由形状各异的镀黄铜框架支撑。既对反光金属与几何元素空间进行了结合，又兼具雕塑感
Arco 落地灯	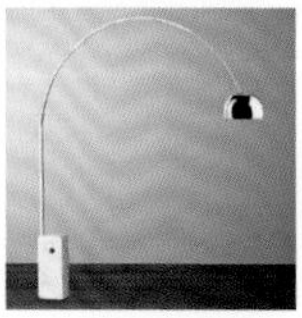	由意大利著名的设计师卡斯蒂格利奥尼两兄弟所设计，其极具代表性的细长弧形灯柄、前端的灯罩和厚实的底座是刚柔、优雅、柔美的完美阐释。Arco 落地灯是现代风格和北欧设计风格的经典灯具选型
Beat 吊灯		Beat 系列吊灯有后现代工业的气质，其铁艺灯罩及黑色的外部表面，能与温暖的灯光形成完美的对比。Beat 吊灯适用于餐厅或吧台等区域，圆形的垂线型灯饰无论是单独使用或者组合使用，都能成为空间里的视觉焦点
Atollo 台灯		由设计师维科·马吉斯特列蒂（Vico Magistretti）一手打造。这是一款由圆柱、圆锥及半球形三个简洁的构造组合而成的灯具。比起一盏灯，它更像一座雕像，严谨简洁的线条涵盖了所有技术处理细节

类型	图示	特点
Tolomeo 灯		Tolomeo 灯轻盈纤细，线条简洁，风格优雅。材料为经过特殊处理的铝材。灯的弹簧结构隐藏在灯体内部，在开关、灯头和灯架的灵活性上均有革命性的创新
Slope 吊灯		Slope 系列灯具由意大利家具品牌 Miniforms 和米兰设计师斯蒂芬·克里沃卡皮奇（Stefan Krivokapic）合作设计。Slope 吊灯的主干一般用实木制成，灯罩由黄白灰三种颜色组成，造型也各有不同，三个灯罩的组合为北欧风格的家居空间带来了活泼的气氛
PH 灯		由被称为"现代照明之父"的丹麦设计师保尔·汉宁森（Poul Henningsen）设计，这类灯具被设计成拥有多重同轴心遮板以辐射眩光，同时它只发出反射光，模糊了真正的光源
AJ 灯		整个 AJ 系列灯饰包括了壁灯、台灯、落地灯三种，其中壁灯不管是室内还是室外都适用。AJ 系列灯饰的材质都是用的精制铝合金，线条简洁，造型流畅，没有多余的按钮，辨识度极高

三、材料光学性质

光由光波构成，其传播原理与声波相同，当光线照射在物体表面上时，如果不考虑吸收、散射等其他形式的光损耗，会产生透射和反射的现象。材料对光波产生的这些效应即为材料的光学性质。

在室内灯光的运用上，也要考虑墙、地、顶面等表面材质和软装配饰表面材质对于光线的反射，这里应当同时包括镜面反射与漫反射，浅色地砖、玻璃隔断门、玻璃台面和其他亮光平面可以近似认为是镜面反射材质，而墙纸、乳胶漆墙面、沙发皮质或布艺表面，以及其他绝大多数室内材质表面，都可以近似认为是漫反射材质。此外，接近白色而有光泽感的材料更能反射光线，反之，黑色系而有厚重感的材料则能够吸收光线。

四、灯光照明方式

照明方式指的是使用不同的灯具来调控光线延伸的方向及其照明范围。依照不同的设计方法，可初步分为直接照明与间接照明，但在应用上又可细分成为半直接照明、半间接照明和漫射型照明。一个空间中可以运用不同配光方案来交错设计出自己需要的光线氛围，照明效果主要取决于灯具的设计样式和灯罩的材质。在购买灯具前，首先要在脑海中构想自己想要营造的照明氛围，最好在展示间确认灯具的实际照明效果。

类型	图示	特点
直接照明	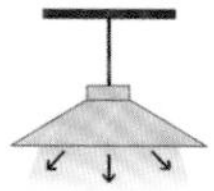	所有光线向下投射，适用于想要强调室内某处的场合，但容易将吊顶与房间的角落衬托得过暗
半直接照明	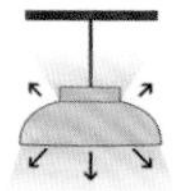	大部分光线向下投射，小部分光线通过透光性的灯罩，投射向吊顶。这种形式可以缓解吊顶与房间角落过暗的现象
间接照明		先将所有的光线投射于吊顶上，再通过其反射光来照亮空间，这样不会使人炫目，且容易营造出温和的氛围
半间接照明	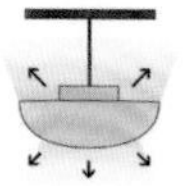	通过向吊顶照射的光线反射，再加上小部分通过从灯罩透出的光线，向下投射，这种照明方式显得较为柔和
漫射型照明	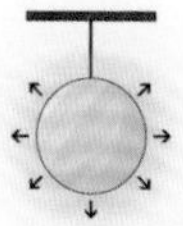	利用透光的灯罩将光线均匀地漫射至需要光源的平面，照亮整个房间。相比前几种照明方式，更适合于宽敞的空间使用

灯光照明色彩搭配

一、光源配色原则

灯光照明的配色不能仅仅依据个人的主观爱好来决定，而且还要与灯具本身的功能、使用范围和环境相协调。不同的灯具都有自身的特点和功效，对色彩的要求也就不同。同样的结构形式、装饰风格，不同的灯光总能塑造出截然不同的气质。

首先一定要清楚想营造什么样的空间氛围、空间有多大等一系列的问题。例如，主要以暖色系为主，在打光时就注意暖色的分布和灯光的特性，一定要先布置好主光源的定位，控制好光源的起点，在适当的距离利用一点冷色互补。

◇ 在同一个空间中搭配多种灯具，需要在色彩或材质上进行呼应

在一个比较大的空间里，如果需要搭配多种灯具，就应考虑风格统一的问题。如客厅很大，需要将灯具在风格上做一个统一，避免各类灯具在造型上互相冲突，即使想要做一些对比和变化，也要通过色彩或材质中的某一个因素使两种灯具和谐起来。一种灯具在同一空间里显得和其他灯具格格不入是需要避免的。

二、灯具配色重点

灯具的色彩通常是指灯具外观所呈现的色彩，通常指陶瓷、金属、玻璃、纸质、水晶以及自然材质等材料的固有颜色和材质，如金属电镀色、玻璃透明感及水晶的折射光效等。

类型	图示	色彩特点
现代风格灯具		现代风格的灯具大量使用金属色和黑白两色
工业风格灯具		工业风格空间如果选择带有鲜明色彩灯罩的机械照明灯具，还能平衡冷调的氛围
地中海风格灯具		大量白色和蓝色系的灯具广泛运用在地中海风格中，海岩和贝壳做出来的灯具，几乎都是米黄色
中式风格灯具		中式灯具的配色讲究素雅大气，主体淡色加重色搭配，对比鲜明。如果灯具的主体是陶瓷，则有青花和彩瓷之分，但是主色调依旧讲究素雅，不会太过浓郁

灯罩是灯具能否成为视觉亮点的重要因素，选择时要考虑好让光线明亮还是柔和，或者通过灯罩的颜色来做一些色彩上的变化。例如，乳白色玻璃灯罩不但显得纯洁，而且反射出来的灯光也较柔和，有助于创造淡雅的环境气氛；色彩浓郁的透明玻璃灯罩，华丽大方，而且反射出来的灯光也显得绚丽多彩，有助于营造高贵、华丽的气氛。

虽然通常选择色彩淡雅的灯罩比较安全，但适当选择带有色彩的灯罩同样具有很好的装饰作用。一款色彩多样的灯罩可以迅速提升空间活跃感，但选择的时候应考虑整个房间里是否已经有了花色繁复的布艺，如已具备了丰富色彩，则选择素色的灯罩比较适合，这样反而会更加突出。

◇ 彩色灯罩装饰性强，适合活跃空间氛围

◇ 彩色灯罩装饰性强，可以活跃空间氛围

◇ 乳白色玻璃灯罩适合营造淡雅的环境氛围

◇ 灯罩的色彩与餐椅形成呼应，活跃空间的氛围

在现代灯具的设计中，用途越来越被细化，针对性越来越强，比如儿童房灯具的色彩就非常艳丽和丰富。如果是以金属材质为主的灯具，在造型上不论多么复杂，在配色上就一定会比较简单，这样才更能体现灯具的美感。

三、灯光配色法则

在选购灯泡或灯管时，很多人也许只注意了它的功率，而很少关心它的光色。实际上光色对营造气氛具有十分重要的作用，因此选择灯光的颜色成为居室装饰中一项十分重要的工作。

目前适合家庭使用的电光源主要有白炽灯、荧光灯和 LED 灯。白炽灯是由钨丝直接发光，温度较高，属于暖光源，光色偏黄；荧光灯则是由气体放电引起管壁的荧光粉发光，因此温度较低，属于冷光源，光色偏蓝。LED 灯采用固体半导体芯片为发光材料，与传统灯具相比，具有节能、环保、显色性与响应速度好的特点。

一般来讲，选择灯光的颜色应根据室内的使用功能确定。

功能空间	灯光颜色
客厅	由于客厅是个公共区域，所以需要烘托出一种友好、亲切的气氛，灯光颜色要丰富、有层次、有意境
餐厅	餐厅大多选用照度较高的暖色光，从心理学的角度来讲，具有促进食欲的作用。
卧室	卧室需要温馨的气氛，灯光应该柔和、安静，暖光色的白炽灯最为合适，普通荧光灯的光色偏蓝，在视觉上很不舒服，应尽可能避免采用
书房	黄色灯光的灯具比较适合用在书房里，可以振奋精神，提高学习效率，有利于消除和减轻眼睛疲劳
厨房	厨房对照明的要求稍高，灯光设计尽量明亮、实用，但是灯光的颜色不能太复杂，可以选用一些隐蔽式荧光灯来为厨房的工作台面提供照明
卫浴间	卫浴间的灯光设计要显得温暖、柔和，可以烘托出浪漫的情调

◇ 冷色光源

◇ 暖色光源

家居空间常用灯具类型

一、吊灯

烛台吊灯的灵感来自欧洲古典的烛台照明方式。水晶吊灯是吊灯中应用最广的，在风格上包括欧式水晶吊灯、现代水晶吊灯两种类型。中式吊灯给人一种沉稳舒适之感，能让人们从浮躁的情绪中回归到宁静。吊扇灯与铁艺材质的吊灯比较贴近自然，所以常被用在乡村风格当中。现代风格的艺术吊灯款式众多，主要有玻璃材质、陶瓷材质、水晶材质、木质材质、布艺材质等类型。

从造型上来说，吊灯分单头吊灯和多头吊灯，前者多用于卧室、餐厅，后者宜用在客厅、酒店大堂等，也有些空间采用单头吊灯自由组合。从安装方式上来说，吊灯分为线吊式、链吊式和管吊式三种。

◇ 单头吊灯　　　　　　　　◇ 多头吊灯

类型	图示	特点
线吊式灯具		线吊式灯具比较轻巧，一般是利用灯头花线持重，灯具本身的材质较为轻巧，如玻璃、纸类、布艺及塑料等是这类灯具中最常选用的材质
链吊式灯具		链吊式灯具采用金属链条吊挂于空间，这类照明灯具通常有一定的重量，能够承受较多类型的照明灯具的材质，如金属、玻璃、陶瓷等
管吊式灯具		管吊式与链吊式的悬挂很类似，是使用金属管或塑料管吊挂的照明灯具

二、吸顶灯

吸顶灯适用于层高较低的空间，或是兼有会客功能的多功能房间。因为吸顶灯底部完全贴在顶面上，特别节省空间，不会像吊灯那样显得累赘。一般而言，卧室、卫浴间和客厅都适合使用吸顶灯，通常面积在 10 m² 以下的空间宜采用单灯罩吸顶灯，超过 10 m² 的空间可采用多灯罩组合顶灯或多花装饰吸顶灯。

与其他灯具一样，制作吸顶灯的材料很多，有塑料、玻璃、金属、陶瓷等。吸顶灯根据使用光源的不同，可分为普通白炽吸顶灯、荧光吸顶灯、高强度气体放电灯、卤钨灯等。不同光源的吸顶灯适用的场所各有不同，空间层高为 4 m 以内的照明可使用普通白炽灯泡、荧光灯的吸顶灯；空间层高在 4~9 m 的照明则可使用高强度气体放电灯；荧光吸顶灯通常是家居、学校、商店和办公室照明的首选。

◇ 在无主灯设计的空间中，筒灯可代替主灯作为基础照明

◇ 现代风格吸顶灯

◇ 中式风格吸顶灯

三、筒灯

筒灯是比普通明装的灯具更具聚光性的一种灯具，它的最大特点就是能保持建筑装饰的整体统一，不会因为灯具的设置而破坏吊顶。筒灯的所有光线都向下投射，属于直接照明。

筒灯在造型设计上更具简洁性。一般情况下，筒灯分为方柱体与圆柱体两种类型。以四方体呈现的筒灯，多用于商业空间设计中，但在室内工业风设计中也颇为常见。其整体照明区域广、辐射范围大，常常被当作主灯替代品使用。线条偏于圆润的圆柱形筒灯属于室内设计常用款，光照集中、亮度高，可作为局部辅灯，也可作为组合式主灯。

◇ 圆柱形筒灯

◇ 方柱形筒灯

根据安装方式的不同，分为内嵌式筒灯和外露式筒灯两种。内嵌式筒灯多隐藏于吊顶内部或家具之中，尺寸较多，可根据实际面积进行选择；外露式筒灯直接安装于平面之下，省去原有的开孔环节，具有可调节性。

◇ 嵌入式筒灯

◇ 外露式筒灯

功能空间	应用
玄关筒灯	在入户玄关的天花板顶部，多会规划出属于筒灯的位置。其排布方式多为居中等距排列，或是以顶角为起点，环绕一周排列
客厅筒灯	位于客厅的筒灯，多以辅助属性存在。吊顶、电视背景墙及内嵌家具隔板是其常见的容身之所。柔和光线分散排布，围绕着主灯微微闪烁
卧室筒灯	卧室筒灯设计以环形矩阵最为常见。其排列等距不宜过密，适当拉长间隔，能让整体的氛围更具浪漫温馨之意。在顶部排列处理中，可与隐形灯带相结合，借助若隐若现的光线折射，形成交叠的光晕效果
厨房筒灯	根据厨房空间的面积决定筒灯的布局方式。若为大面积的开放式厨房，排列方式无定式；若为狭长式厨房，则一字排开为宜；若为方形厨房，则双排并列或环形呈现都可以
卫浴间筒灯	筒灯多以主灯形式出现，可集中于顶部，也可分散于四周边角处，如何排列以顶部实际的吊顶样式为主。需要注意的是，卫浴空间湿气较重，在安装时要做好防水措施，以免雾气入侵灯体，影响其使用寿命

四、射灯

射灯既能作主体照明满足室内采光需求，又能作辅助光源烘托空间气氛，是典型的现代流派灯具。射灯的光线具有方向性，而且在传播过程中光损较小，将其光线投射在摆件、挂件、挂画等软装饰品上，可以让装饰效果得到完美的提升，而且还能达到重点突出、层次丰富的艺术效果。此外，射灯也可以设置在玄关、过道等地方作为辅助照明。在各种灯具中，射灯的光亮度往往是最佳的，如果使用不当，容易产生眩光。因此，应避免让射灯直接照射在反光性强的物品上。

射灯包含嵌入式射灯、明装射灯、格栅射灯、轨道射灯。前三种射灯安装位置固定，安装、拆卸维护步骤烦琐。而轨道射灯安装位置可调，拆装简单、快捷。

◇ 导轨射灯的特点是可按需移动灵活照明

◇ 利用两排射灯作为电视墙和沙发区域的重点照明

◇ 工业风空间多数偏暗，可多使用射灯增加点光源的照明

轨道射灯就是通过导轨将多个射灯连接起来的照明装置，也可以称为导轨灯。轨道射灯所用的光源一般分为两种，一种是 MR16 的灯杯，另一种是 G4 的灯珠。无论怎样的轨道射灯，只要光源用的灯泡的额定电压是 12V，都需要配置变压器。

五、壁灯

壁灯可以随意固定在任何一面需要光源的墙上，并且占用的空间较小，因此使用率比较高。无论是客厅、卧室还是过道，都可以在适当的位置安装壁灯，最好是和射灯、筒灯、吊灯等同时运用，相互补充。壁灯造型丰富，分为灯具整体发光和灯具上下发光两种类型，可以依照想要呈现的方式来选择。

◇ 欧式空间的壁灯通常以对称的造型出现，营造具有仪式感的氛围

◇ 摇臂壁灯可自由调节照射方向

◇ 向上投光的壁灯在视觉上显得顶面更高

类型	注意事项
客厅壁灯	客厅壁灯的安装高度一般控制在 1.7~1.8 m，功率小于 60 W 为宜
床头壁灯	床头安装的壁灯最好选择灯头能调节方向的，安装位置高度为距离地面 1.5~1.7 m 之间，距墙面距离为 9.5~49 cm 之间
玄关或过道壁灯	玄关或者过道等空间的壁灯灯光应柔和，安装高度应该略高于视平线，使用时最好再搭配一些其他饰品
卫浴间壁灯	卫浴镜前的壁灯一般安装在镜子两边，如果想要安装在镜子上方，壁灯最好选择灯头朝下的类型
儿童房壁灯	儿童房的壁灯有非常多的款式，挑选的时候可以考虑与墙面的其他装饰效果相互匹配，以达到特别的效果。例如，花瓣或月亮、星星等造型的壁灯显得非常逼真，具有动感，整体看起来会仿佛现实版的童话世界

六、台灯

台灯主要放在写字台、边几或床头柜上作为书写阅读之用。大多数台灯由灯座和灯罩两部分组成，一般灯座由陶瓷、石质等材料制作而成，灯罩常用玻璃、金属、亚克力、布艺、竹藤做成。

◇ 大多数的床头台灯为工艺台灯

类型	注意事项
客厅台灯	客厅中的台灯一般摆设在沙发一侧的角几上，属于氛围光源，装饰性多过功能性
卧室台灯	卧室床头台灯除了阅读功能之外，主要用于装饰，一般灯座造型或采用典雅的花瓶式，或采用亭台式和皇冠式，有的甚至采用新颖的电话式等
书房台灯	书房台灯应适应工作性质和学习需要，宜选用带反射罩、下部开口的直射台灯，也就是工作台灯或书写台灯，台灯的光源常用白炽灯、荧光灯
玄关台灯	玄关柜上的台灯通常与摆件形成三角构图的摆设，更强调装饰性

七、地脚灯

地脚灯又称为入墙灯，一般作为室内的辅助照明工具，如去卫生间，夜晚如果开普通灯会影响别人休息，而地脚灯由于光线较弱，安装位置较低，因此不会对他人造成影响。地脚灯在夜间提供基本照明的同时，还起到营造空间气氛的作用。此外，它具有体积小、功耗低、安装方便、造型优雅、坚固耐用等特点。

◇ 地脚灯

在室内安装地脚灯时，一般以距离地面 0.3 m 为宜。如果既想要照亮脚边，又不想让灯具的存在感太过强烈的时候，可以使用附带遮板的款式。

地脚灯采用的常见光源有节能灯、白炽灯等。随着技术的进步，现在大量采用LED灯作为光源。LED地脚灯发出的光非常柔和，而且无辐射、故障率低、维护方便、低耗电。

◇ 楼梯地脚灯

八、落地灯

落地灯常用作局部照明，不讲究全面性，而强调移动的便利，善于营造角落气氛。落地灯一般布置在客厅和休息区域里，与沙发、茶几配合使用，以满足房间局部照明和点缀装饰家庭环境的需求，但要注意不能放置在高大家具旁或妨碍活动的区域里。此外，落地灯偶尔也会在卧室、书房中出现。

◇ 落地台灯移动方便的同时适合营造角落气氛

落地灯在造型上通常分为直筒落地灯、曲臂落地灯和大弧度落地灯。

类型	图示	特点
直筒落地灯		直筒落地灯最为简单实用，使用也很广泛，一般安置在角落里
曲臂落地灯		曲臂落地灯的最大优点就是可随意拉近拉远，配合阅读的姿势和角度，灵活性强
大弧度落地灯		大弧度落地灯的典型代表是整个造型远远看过去像是一根钓鱼竿，也因此被称为鱼竿落地灯，其主体部分也和鱼竿一样有着很好的韧性，可以弯曲弧度

灯具的主流风格类型

一、轻奢风格灯具

轻奢风格的灯具在线条上一般以简洁大方为主，装饰功能要远远大于功能性。造型别致的吊灯、落地、台灯及壁灯都能成为轻奢风格重要的装饰元素，还有许多利用新材料、新技术制造而成的艺术造型灯具，让室内的光与影变幻无穷。

此外，如果是整体风格较为华丽的轻奢家居，不妨考虑搭配全铜灯与之配套。全铜灯基本上以金色为主色调，处处透露着高贵典雅，是一种颇具贵族气质的灯具。

◇ 轻奢风格空间的灯具通常造型简洁现代，具有很强的装饰性

◇ 全铜吊灯

◇ 表面镀金的金属台灯

◇ 玻璃球泡泡灯

二、北欧风格灯具

北欧风格灯具造型简单且具有混搭味，例如白、灰、黑的原木材质灯具，如果搭配有点年代感的经典灯具，更能提升质感。一般而言，较浅色的北欧风空间中，如果出现玻璃及铁艺材质，就可以考虑挑选有类似质感的灯具。

北欧风格和工业风格的灯具有时候会有交叉之处，看似没有复杂的造型，但在工艺上是经过反复推敲过的，使用起来非常轻便和实用。

◇ 长臂的金属壁灯

◇ 黑色圆顶金属吊灯

◇ 原木灯臂加黑色灯罩的经典灯具

◇ 玻璃吊灯

三、工业风格灯具

工业风的空间中，灯具照明的运用极其重要。可以选择极简风格的吊灯或者复古风格的艺术灯泡。为了表现粗犷的空间氛围，布料编织的电线和样式多变的灯泡都是工业风格灯具的必备元素。

工业风格灯具除了可以选择金属机械灯之外，也可以选择同为金属材质的探照灯，独特的三脚架造型好像电影放映机，不但营造十足的工业感，还有画龙点睛的作用。如果选择带有鲜明色彩灯罩的机械感灯具，还能平衡工业风格冷调的氛围。此外，黑色金属台扇、落地扇或者吊扇等也经常应用于工业风格空间。因为工业风格整体给人的感觉是冷色调，色系偏暗，可以多使用射灯，增加局部空间的照明，舒缓工业风格居室的冷硬感，射灯照明即便是在白天，也具有很强的装饰性。

◇ Dear Ingo 吊灯

◇ 裸露的灯泡更好地诠释了工业风的简单粗糙感

◇ 双关节灯

◇ 网罩灯

◇ 麻绳灯

工业风格灯具一般选择金属、麻绳等作为装饰材料，并选择工业形象作为灯具造型，极富创造力。灯罩常用金属圆顶形状，表面采用搪瓷处理或者模仿镀锌铁皮材质，并且常见绿锈或者磨损痕迹。

四、法式风格灯具

法式风格灯具常用水晶灯、烛台灯、全铜灯等类型，造型上要求精致细巧，圆润流畅。例如，有些吊灯采用金色的外观，配合简单的流苏和优美的弯曲造型设计，可给整个空间带来高贵优雅的气息。

洛可可风格的水晶灯灯架以铜制居多，造型及线条蜿蜒柔美，表面一般会镀金加以修饰，突出其雍容华贵的气质。烛台灯应用在法式风格的空间中，更能凸显庄重与奢华感。从古罗马时期至今，全铜灯一直是皇室威严的象征，欧洲的贵族无不沉迷于全铜灯这种美妙金属制品的隽永魅力中。

◇ 金属底座的陶瓷台灯

◇ 悬挂于欧洲古代宫廷之中的艺术铜灯

◇ 灵感源自欧洲古代的烛台灯

◇ 璀璨耀眼的水晶灯

五、美式风格灯具

美式风格对于灯具的搭配局限较小，一般适用于欧式古典家居的灯具都可使用。只需要注意的是造型不可过于繁复，通常美式新古典风格适合搭配水晶灯或铜制的金属灯具。

水晶材质晶莹剔透，而铜灯则易于营造典雅大气的氛围。美式乡村风格可选择造型更为灵动的铁艺灯具，铁艺具有简单粗犷的特质，可以为美式空间增添怀旧情怀。美式铜灯主要以枝形灯、单锅灯等简洁明快的造型为主，质感上注重怀旧，灯具的整体色彩、形状和细节装饰都无不体现出历史的沧桑感。一盏手工作旧的油漆铜灯，是美式风格的完美载体。

◇ 造型复古的木叶吊扇灯

◇ 做旧的铁艺吊灯体现美式风格回归自然的特点

◇ 陶瓷灯通常作为美式客厅角落或卧室床头的局部照明

◇ 起源于美国西部的鹿角灯给室内带来极具野性的美感

鹿角灯起源于美国西部，多采用树脂制作成鹿角的形状，在不规则中形成巧妙的对称，为居室带来极具野性的美感。一盏做工精美、年代久远的鹿角灯，既有美国乡村自然淳朴的质感，又充满异域风情，可以成为居家生活中难得的藏品。

六、新中式风格灯具

新中式风格灯具的整体设计源于中国传统灯具的造型，在传统灯具的基础上，注入现代元素的表达，不仅简洁大气，而且形式十分丰富，呈现出古典时尚的美感。

传统灯具中的宫灯、河灯、孔明灯等都是新中式灯具的演变基础。除了能够满足基本的照明需求外，还可以将其作为空间装饰的点睛之笔。例如形如灯笼的落地灯、带花格灯罩的壁灯、陶瓷灯，都是打造新中式风格的理想灯具。其中新中式陶瓷台灯做工精细，质感温润，仿佛一件艺术品。铁艺制作的鸟笼造型灯具有台灯、吊灯、落地灯等，是新中式风格中比较经典的元素，可以给整个空间增添鸟语花香的氛围。

◇ 由传统宫灯演变而来的吊灯

◇ 新中式风格的灯具造型上偏现代，但会在细节上注入中国元素

◇ 自然材质的鸟笼灯

◇ 陶瓷灯承载了深厚的历史文化渊源，既是实用品又是艺术品

七、地中海风格灯具

地中海风格灯具常使用一些蓝色的玻璃制作成透明灯罩，通过其透出的光线，具有非常绚烂的明亮感，让人联想到阳光、海岸、蓝天。灯臂或者中柱部分常常会被擦漆做旧处理，这种设计方式除了让灯具流露出类似欧式灯具的质感，还可以展现出被海风吹蚀的自然印迹。

◇ 仿古马灯

地中海风格的铁艺吊灯虽比不上欧式水晶灯奢华耀眼，但明显更适合表现自由、自然、明亮的装饰特点，能够很好地融入整体环境。这类灯具一般都以欧式的烛台等为原型，可大可小，在地中海风格中可以作为客厅的主灯使用。

◇ 蒂芙尼灯

在北非地中海风格中，也经常能看到摩洛哥元素，其中摩洛哥风灯独具异域风情，如果把其运用在室内，很容易就能打造出独具特色的地中海民宿风格。除了悬挂之外，也可以选择一个小吊灯摆在茶几上。

地中海风格空间中的吊扇灯是灯和吊扇的完美结合，一般以蓝色或白色作为主体配色，既有装饰效果，又兼具灯和风扇的实用性，是地中海风格家居的必备灯具。

◇ 以欧式烛台为原型的地中海风格铁艺灯

◇ 摩洛哥风灯为室内空间增添别样的异域风情

◇ 做旧处理的灯具展现出被海风吹蚀的自然印迹

八、东南亚风格灯具

东南亚风格灯具在设计上逐渐融合西方现代概念和亚洲传统文化，通过不同的材料和色调搭配，在保留了自身的特色之余，产生更加丰富的变化。

东南亚风格灯具颜色一般比较单一，多以深木色为主，给人以泥土与质朴的气息。灯具造型具有明显的地域民族特征，比较多地采用象形设计方式。如铜制的莲蓬灯、手工敲制出具有粗糙肌理的铜片吊灯、一些大象等动物造型的台灯等。此外，贝壳、椰壳、藤、枯树干等都是东南亚风格灯具的制作材料，很多还会装点类似流苏的装饰物。

◇ 木皮灯

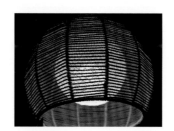

◇ 竹编灯

◇ 藤灯

◇ 木皮灯与大自然融为一体的颜色，很好地诠释了东南亚风格的特点

◇ 树叶造型的吊扇灯展现出不同的风姿，很好地呈现出东南亚风情

家居空间灯光照明方案

一、客厅照明

　　客厅是一家人的共同活动场所，具有会客、视听、阅读、游戏等多种功能，通常会运用主照明和辅助照明的灯光交互搭配，可以通过调节亮度和亮点来增添室内的情调，但注意一定要保持整体风格的协调一致。一般以一盏大方明亮的吊灯或吸顶灯作为主灯，搭配其他多种辅助灯具，如壁灯、筒灯、射灯等。如果是要经常坐在沙发上看书，建议用可调的落地灯、台灯来做辅助，满足阅读亮度的需求。

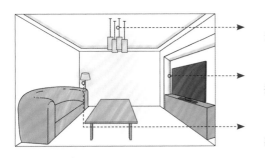

顶灯与四周隐藏的灯带提供客厅空间的整体照明，光线柔和均匀。

电视墙上安装灯槽，低照度的间接照明为整个空间提供漫反射光线。

沙发一侧增加一盏落地灯，既能使客厅显得更有层次感，也能满足坐在沙发上阅读的需要

类型	图示	照明要求
电视区域照明		电视机附近需要有低照度的间接照明来缓冲夜晚看电视时电视屏幕与周围环境的明暗对比，减少视觉疲劳。如在电视墙的上方安装隐藏式灯带，其光源色的选择可根据墙面的本色而定
沙发区域照明		沙发区的照明不能只是为了突出墙面上的装饰物，同时要考虑坐在沙发上的人的主观感受。可以选择台灯或落地灯放在沙发的一端
饰品区域照明		可在挂画、花瓶及其他摆件等上方安装射灯，使该区域的光照度大于其他区域，营造出醒目的效果，达到重点突出、层次丰富的艺术效果

如果客厅面积较大，且层高 3 m 以上，宜选择大一些的多头吊灯；高度较低、面积较小的客厅应该选择吸顶灯，因为光源距地面 2.3 m 左右，照明效果最好。如果房间只有 2.5 m 左右，灯具本身的高度就应该在 20 cm 左右，厚度小的吸顶灯可以达到良好的整体照明效果。

客厅吊灯下方与地面的距离最短应为 200 cm，如果是中空挑高的客厅，那么灯具的设计至少不能低于第二层楼的楼板高度。如果在第二层上有窗户，应该将吊灯放在窗户中央的位置，这样就可以从外部观看到灯具。如果客厅的层高较低，则可以选择在顶面设置一盏造型简约的吸顶灯搭配落地灯的形式进行设计。

◇ 现代简约风格的客厅中通常采用灯带结合点光源作为空间的主要照明

◇ 中空挑高的客厅里，灯具的设计至少不能低于第二层楼的楼板高度

◇ 挑高的客厅适合选择大型的多头吊灯，更能凸显大空间的气势

客厅顶面除了吊灯之外，安装隐藏式的灯带是目前比较流行的照明方式，但其光源必须距离顶面 35 cm 以上，才不会产生过大的光晕。

二、玄关照明

玄关一般都不会紧挨窗户，要想利用自然光来提高光感比较困难，而合理的灯光设计不仅可以提供照明，还可以烘托出温馨的氛围。玄关的灯光颜色原则上使用色温较低的暖光，以突出家居环境的温暖和舒适感。

玄关的照明一般比较简单，只要亮度足够，能够保证采光即可，建议灯光色温控制在 2 800 K 左右即可。除了一般式照明外，还应考虑到使用起来的方便性。可在鞋柜中间和底部设计间接光源，方便客人或家人的外出换鞋。当有绿色植物、装饰画、工艺品摆件等软装配饰时，可采用筒灯或轨道灯形成焦点聚射。

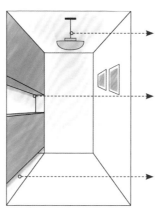

顶部以半间接照明的形式让柔和明亮的灯光弥漫整个玄关

鞋柜中间的断层处增加灯带，可轻松找到钥匙等小物件。

鞋柜下方装设筒洁照明，装设位置大约距离地面30 cm

◇ 灯带与射灯结合的照明方式

◇ 鞋柜的底部设计间接光源，方便进出换鞋

由于玄关是进入室内的第一印象处，也是整体家居的重要部分，因此灯具的选择一定要与整个家居的装饰风格相搭配。

类型	图示	注意事项
现代简约风格玄关		灯具风格一定要以简约为主，一般选择光线柔和的筒灯或者隐藏于顶面的灯带进行装饰
欧式风格别墅玄关		通常会在玄关处正上方顶部安装大型多层复古吊灯，灯的正下方摆放圆桌或者方桌搭配相应的花艺，用来增加高贵隆重的仪式感

类型	图示	注意事项
收纳型玄关		从功能上来说，如果玄关主要用来收纳，就可以用普通式照明，吊灯或吸顶灯都没问题，收纳柜里可以辅助以小的衣柜灯
过道型玄关		如果玄关只是通往客厅的走道，那可以采用背景式照明，或者具有引导功能的照明设备，如壁灯、射灯等
狭长型玄关		可以通过在吊顶间隔布置多盏吊灯的手法，将空间分割成若干个小空间，从而化解玄关过道的问题。同时多盏灯具的布置，也丰富了玄关空间的装饰性

三、餐厅照明

　　餐厅照明应以餐桌为重心确立一个主光源，再搭配一些辅助光源，灯具的造型、大小、颜色、材质，应根据餐厅的面积、家具与周围环境的风格作相应的搭配。餐厅的照明要求色调柔和、宁静，有足够的亮度。选择灯具时最好跟整体装饰风格保持一致，同时考虑餐厅面积、层高等因素。

◎ 单盏大灯适合 2 ～ 4 人的餐桌，明暗区分相当明显，像是舞台聚光灯般的效果，自然而然地将视觉聚焦。

◎ 如果比较重视照明光感，或是餐桌较大，不妨多加 1 ～ 2 盏吊灯，但灯具的大小比例必须调整缩小，另外，具有设计感的吊灯，也会加强视觉上的丰富度。

◎ 若餐厅想要安排 3 盏以上的灯具，可以尝试将同一风格、不同造型的灯具做组合，形成不规则的搭配，混搭出特别的视觉效果。

◎ 1.4 m 或 1.6 m 的餐桌，建议搭配直径 60 cm 左右的灯具，1.8 m 的餐桌配直径 80 cm 左右的灯具。

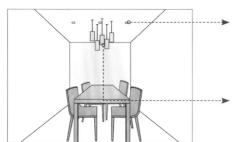

顶面嵌入筒灯，灯光均匀分布，整体光线微弱柔和，营造轻松的用餐环境。

高低错落的组合式吊灯不仅装饰性强，而且作为主光源，可以带来极为集中的照明光源。

◇ 大小不一的多盏吊灯高低错落地悬挂，即使不开灯时也具有很好的装饰效果

◇ 将三盏同款的红色吊灯依次排开，使照明灯组所散发出的光能够完全覆盖下方的就餐区域

◇ 单盏吊灯具有将视觉聚焦的效果，同时多个灯头的设计可为餐厅提供充足的整体照明

从实用性的角度上来看，在餐桌上方安装吊灯照明是一个不错的选择，如果还想加入一些氛围照明，那么可以考虑在餐桌上摆放一些烛台，或者在餐桌周围的环境中，加入一些辅助照明灯光。

◇ 白色光

在餐厅中使用显色性极佳的白色光，主要是为了让就餐者能够对餐桌上的食物进行明确分辨，避免造成误食而影响心情。如果餐厅的整体设计相对简洁，那么选择暖色调的照明光源更能营造良好的就餐氛围。

◇ 餐厅吊灯距餐桌桌面 50~80 cm 较为合适

◇ 暖色光

四、卧室照明

卧室不仅是全家人休息的私密空间，很多人也常在卧室内看书学习，把卧室作为书房。卧室中除了提供易于睡眠的柔和光源之外，更重要的是要以灯光的布置来缓解白天紧张的生活压力。选择灯具及安装位置时要避免有眩光刺激眼睛。低照度、低色温的光线可以起到促进睡眠的作用。卧室内灯光的颜色最好是橘色、淡黄色等中性色或是暖色，有助于营造舒适温馨的氛围。

◇ 卧室宜选择橘色、淡黄色等中性色或是暖色的光源

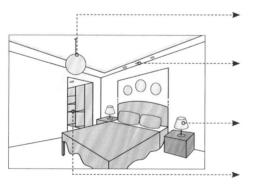

吊灯与灯带作为卧室的整体照明，要注意吊灯应安装在床尾处的顶面。

三个集中的筒灯作为重点照明，衬托出床头墙上的瓷盘壁饰。

床头左右两侧的床头柜上增加造型精美的台灯，方便阅读和起夜的需要。

衣帽间除了顶面的嵌入式筒灯之外，还可在收纳柜内部装设灯带作为补充照明。

◇ 卧室采用漫射照明更能营造温馨氛围

◇ 如果床头柜上没有空间摆设台灯，可以选择造型精致的小吊灯代替

卧室里一般建议使用漫射光源，壁灯或者 T5 灯管都可以。吊灯的装饰效果虽然很强，但是并不适用于层高偏矮的房间，特别是水晶灯，只有足够高的卧室才可以考虑安装水晶灯增加美观性。在无顶灯或吊灯的卧室中，采用安装筒灯进行点光源照明是很好的选择，光线相对于射灯要柔和。

卧室的照明分为整体照明、床头局部照明、衣柜局部照明、重点照明和气氛照明等。

类型	图示	照明要求
整体照明		整体照明可以装在床尾的顶面，避开躺下时会让光线直接进入视线的位置。扩散光型的吸顶灯或造型吊灯，可以照亮整个卧室。如果空间比较大，可考虑增加灯带，通过漫反射的间接照明为整个空间进行光照辅助
床头局部照明		床头的局部照明是为了让人在床上进行睡前活动和方便起夜设置的，在床头柜上摆设台灯是常见的方式。如果床头柜很小，没法再摆放台灯，可以根据风格的需要选择小吊灯代替。也可考虑把照明灯光设计在背景中，用光带或壁灯都可以
衣柜局部照明		衣柜的局部照明是为了方便使用者在打开衣柜时，能够看清衣柜内部的情况。衣帽间需要均匀、无色差的环境灯，镜子两侧设置灯带，衣柜和层架应有补充照明。最好选用发热较少的 LED 灯具
重点照明		重点照明可以衬托出卧室床头墙上的一些特殊装饰材料或精美的饰品，这些往往需要筒灯烘托气氛。但需要注意灯光尽量只照在墙面上，否则躺在床上的人向上看的时候会觉得刺眼
气氛照明		气氛照明可以营造助眠的氛围，通常桌面或墙面上是布置气氛照明的合适地点，例如桌子上可以摆放仿真蜡烛，营造情调；墙面上可以挂微光的串灯，营造星星点点的浪漫氛围。甚至还可以在床的四周低处使用照度不高的灯带，活用灯光，增加空间的设计感

五、儿童房照明

儿童房对灯具的要求较高，光源柔和、健康、亮度足够、造型可爱等，给予房间足够的温暖和安全感。儿童房所选的灯具应在造型与色彩上制造一个轻松、充满意趣的光感，以拓展孩子的想象力，激发孩子的学习兴趣。由于每个孩子的兴趣不尽相同，因此在挑选装饰灯具时，应该听取孩子的意见，或者让孩子参与挑选。

◇ 动物造型台灯实用且富有童趣

儿童房的整体照明设计，要以给孩子创造舒适的睡眠环境和安静的学习环境为原则，因此其灯光宜柔和，并且应避免光线直射入眼。此外，主灯在色温上以暖色为宜，温暖的光线不仅对视力有保护作用，而且能够营造出温馨的气氛。在学习、读书及手工制作时，可选择在局部增加辅助灯饰来加强照明。此外，适当地搭配一些装饰性照明可以让儿童房空间显得更富有童趣。

◇ 儿童房的不同功能区域应有相应的照明配置

◇ 除了应提供充足的照明，儿童房宜选择能调节明暗或者角度的灯具

功能区域	照明要求
游戏区	可以作为整个房间的主光源，光的强度和面积都可稍大一些
学习区	光线强度适中，但要集中一些，由于孩子的视力还没有发育成熟，太亮的光线会损害孩子的视力，光源的面积太大也会使孩子的注意力不集中
睡眠区	光线要尽量柔和、温暖，有助于孩子获得安全感，且有助于睡眠

六、书房照明

书房是家庭中阅读、工作、学习的重要空间，灯光布置主要把握明亮、均匀、自然、柔和的原则，不加任何色彩，这样不易疲劳。

间接照明能避免灯光直射所造成的视觉眩光伤害，所以书房照明最好采用间接光源，如在顶面四周安置隐藏式光源，这样能烘托出书房沉稳的氛围。

◆ **书柜区域照明**

书柜中嵌入灯具进行补充照明可以提升房间的整体氛围，既可突出装饰物品，也可方便寻找物品。具体可根据书柜的实际格局，选择不同的嵌入式照明方式，借此来满足居住者不同方面的照明需求。

◆ **书桌区域照明**

书桌区域主要用于书写、阅读，一定要让书桌区拥有足够明亮的照明光线。在这种情况下，最简单的照明设计方式是拉近灯光与书桌的距离，使灯光能够直接而准确地照亮书桌区，并且尽量选择较为护眼的白色或淡暖黄色光源。

书房中的灯具避免安装在座位的后方，如果光线从后方打向桌面，就会容易在阅读时产生阴影。书桌上方可以选择具有定向光线的可调角度灯具，既保证光线的强度，也不会看到刺眼的光源。台灯宜选用白炽灯，功率最好在60 W 左右。

◇ 书柜中加入灯光照明既可增加装饰效果，又可方便查阅书籍

◇ 顶面灯带＋吊灯＋书柜灯带作为整体照明，为书房空间提供柔和的光线

书柜中加入灯光照明既可增加装饰效果，又可方便查阅书籍，建议提前与家具定制商沟通，选用较厚层板，开槽嵌入灯带。

七、厨房照明

厨房照明以明亮实用为主，建议使用日光型照明。除了在厨房走道上方装置顶灯，满足走动时的需求，还应在操作台面上增加照明设备，以免在操作时身体挡住主灯光线。安装灯具的位置应尽可能地远离灶台，避开蒸汽和油烟，并且要使用安全插座。灯具的造型应尽可能简洁，以方便擦拭。在光源上，通常采用能保持蔬菜水果原色的荧光灯为佳。

厨房的照明基本会用整体照明、操作区局部照明、收纳柜局部照明、水槽区局部照明来进行组合。

类型	图示	照明要求
整体照明		整体照明最好采用顶灯或嵌灯的设计，并且采用不同的灯光布置形式，既可以是一盏灯具，也可以采用组合式的灯具布置
操作区局部照明		厨房的油烟机上一般都带有 25~40 W 的照明灯，使得灶台上方的照度得到了很大的提高。有的厨房在切菜、备餐等操作台上方设置很多柜子，可以在这些柜子下面安装局部照明灯，以增加操作台的亮度
收纳柜局部照明		收纳吊柜的灯光设计也是厨房照明不可或缺的一个重要环节，可在收纳吊柜内部的最上侧安装照明嵌灯。为了突出这部分照明效果，通常会采用透明玻璃来制作橱柜门，或者直接采用无柜门设计
水槽区局部照明		厨房间的水槽多数都是临窗的，在白天采光会很好，但是到了晚上做清洗工作就只能依靠厨房的主灯。但主灯一般都安装在厨房的正中间，这样当人站着水槽前正好会挡住光源，所以需要在水槽的顶部预留光源。效果简洁点可以选择防雾射灯，想要增加小情趣，则可以考虑有造型的小吊灯

八、卫浴间照明

卫浴间的灯具设计以柔和为主，照度要求不高，要求光线均匀，灯具本身还需有良好的防水、散热、不易积水等功能，材料以塑料和玻璃为佳。由于卫浴间一般都比较狭小，容易有一些灯光覆盖不到的地方，因此，除主灯外，还应增加一些辅助灯光，如镜前灯、射灯。需要注意的是，在为卫浴间搭配灯具时，其数量不能过多，并且要控制好亮度，以免让人缺乏安全感，尤其是沐浴的时候，柔和一点的灯光能让人放松心情。

顶面采用吊灯、隐藏式灯带与筒灯相结合的照明方式，满足大面积卫浴间的整体照明。

面盆上方的顶面安装筒灯作为局部照明，同时照亮镜面与面盆区域。

在镜子的左右两侧装上壁灯，为镜前区域提供充足的照明，这样脸部不容易出现阴影。

马桶后的背景墙上的造型四周安装灯带提供柔和光线，还能为该区域增添艺术感。

大面积卫浴间的灯具照明可以用壁灯、吸顶灯、筒灯等。由于干湿分离普遍较好，因此小卫浴间中不方便使用的射灯，在这里可以运用起来。射灯适合安装在防水石膏板吊顶之中，既可对准盥洗台、坐便器或浴缸的顶部形成局部照明，也可以巧妙设计成背景灯光以烘托环境气氛。

如果卫浴空间比较狭小，可以将灯具安装在吊顶中间，这样光线四射，从视觉上有扩大之感。考虑到狭小卫浴间的干湿分区效果不理想，所以不建议使用射灯作为背景式照明。

◇ 大面积卫浴间可采用吊灯、壁灯、筒灯等多种组合照明

◆ **镜前区域照明**

通常情况下，如果对镜前区域的灯光没有过多要求，那么可考虑在镜面的左右两侧安装壁灯。如条件允许，也可在镜面前方安装吊灯，灯光可直接洒向镜面。但同时要保证照明光线的柔和度，否则容易引起眩光。如为卫浴间搭配镜柜，可以在柜子上方和下方安装灯带，照亮周围空间。采用这种灯光处理方式，不仅能够提升镜边区域的照明亮度，还可大幅度提升镜面在空间中的视觉表现力。

◇ 镜前区域照明

◆ **盥洗台区域照明**

可考虑在面盆正上方的顶面安装筒灯或组成吊灯，同时照亮镜面与面盆区，盥洗台下方区域的灯光设计可把重点放在实用性上，例如，可在盥洗台最下方的区域安设隐藏灯具，通过其所散发出的照明光线，为略显昏暗的卫浴空间提供安全性的引导照明。

◆ **洗浴区域照明**

卫浴间的洗浴区通常分为浴缸区和淋浴区两种。在灯光设计上不外乎基于两个原则：一个是实用性的灯光设计，是指以照明为主的灯光设计，其中最为重要的设计要点便是灯具的防水性。另一个是用于营造氛围的灯光设计，是指利用光线的营造，或者特殊灯具的使用，给洗浴空间带来一种别样的氛围。例如选择以烛台灯具渲染氛围，但使用时要注意添加一款防水灯罩。

◆ **坐便区域照明**

在为坐便区选择照明灯具时，应将实用性与简约性放在首位，一般安装一盏壁灯，就能带来良好的照明效果。

◇ 盥洗台区域照明

◇ 洗浴区域照明

◇ 坐便区域照明

第四章

全案软装
设计中的布艺搭配

软装布艺分类

一、帘幕类布艺

居住空间中的帘幕类布艺，一般可分为窗帘、隔断帘、帘帐等类型。窗帘是室内空间不可或缺的软装搭配之一。小房间的窗帘以简洁的式样为好，以免使空间因为窗帘的繁杂而显得更为窄小；如果是面积较大的空间，则更适合采用大方、气派、精致的窗帘样式。

隔断帘一般用于室内分割区域、遮挡视线及空间装饰。使用隔断帘作为空间的软性隔断，既能让人们在室内自由走动，又不会让空间显得狭小和拥堵。由于隔断帘一般不用于遮挡阳光，因此其类型十分丰富，材料的选择范围也较为广泛。

帘帐是指用于床四周围合或遮挡作用的布艺,常见的有床幔及纱帐。床幔的主要功能在于分隔床头空间，装饰、挡床头风和促进睡眠。床幔的制作工艺不需要烦琐，随意的挽系要比隆重的帘幕挂钩更加便于更换与维护。纱帐是热带风格室内空间的一个特色装饰，即四柱架子床上披着的白纱帐。纱帐的运用能让卧室环境显得更为柔和温馨。

◇ 隔断帘

◇ 简约式床幔

◇ 双层式床幔

外帘 　外帘一般使用的是半透光或不透光的较厚面料。

内帘 　内帘一般为半透明纱质面料。

二、床品布艺

床品布艺的运用不仅与人的睡眠质量密切相关，而且在软装设计中，合理的床品搭配，还能提升卧室装饰品质。四件套是双人床中最为基础的床品，两件枕套、一件被套、一件床单。随着人们对床品舒适度及功能需求的提升，在搭配床品布艺时，通常会在四件套的基础上，增加更为丰富的类别，如抱枕、靠枕、装饰枕、床盖、床笠、床罩、床旗及床裙等。

◇ 硬装是白色或灰色为主的卧室中，可以通过床品的合理搭配活跃整个空间的氛围

种类	特点
被套	被套又称被罩，用于套装被芯，避免被芯被弄脏，便于清洗。市面上的被套产品样式有很多，但其尺寸一般比较固定
床单	床单是用作床面铺饰的宽幅织物，可以保洁及便于拆卸清洗。床单一般为片状，铺陈在床垫之上，余下部分自然下垂或者掖入床垫底下
床笠	床笠是把床单四角缝合制作而成，并且四角带有橡皮筋，犹如一个立体的套子。由于可以直接套在床垫之上，因此比床单的使用更为方便
床裙	床裙是床单或床笠之下，用于围合床的周围，防止玷污床帐及遮盖床脚部分的装饰纺织品。单独的床裙很少，一般与整套床上用品配套或者根据床品及床的尺寸定制
床罩	床罩结合了床笠及床裙的功能，用于床垫的保洁，一般可分为上下两层，上层为床笠造型，四角有缝合定位，下层则有床裙装饰
床盖	床盖是兼具实用性和装饰性的纺织品，其尺寸较大，可以覆盖整张床，不仅可以用于遮挡灰尘，而且只需为其搭配不同图案，就能起到营造空间氛围及塑造空间风格的作用
床旗	床旗又名床尾巾，是一种提升卧室品位的装饰织物，同时也具有一定的保洁作用。为适应各类室内装饰风格和色彩搭配，床旗的材质、色彩也日趋多样化

被子是床品布艺设计中重要组成元素之一，由于厚度的差异，可将其分为多种类别。比如在被套内装入厚重的棉花、羊毛或羽绒被芯，可用于冬天的睡眠保暖；而在其中装入较薄的被芯时，则可作为空调被，用于夏季的睡眠保暖；还有将被芯及被套用绗缝方式进行缝合的绗缝被，虽然较薄，但装饰效果较好。

在床品搭配中，枕头的类型十分丰富，从摆放顺序看，最靠后的通常是靠枕，供人们半躺在床上看书或聊天时使用，通常呈方形，而且体积较大；靠枕往前摆放着的，则是供人们睡眠时使用的睡枕，通常为长方形；睡枕前面通常会放置一件至多件方形、圆形、筒状等造型各异的抱枕，除了能起到装饰的作用，也可供人怀抱取暖。抱枕的造型丰富，其尺寸一般比睡枕及靠枕略小。

◇ 床品中的枕头常见搭配方案

三、家具布艺

在室内软装设计中，除了需要搭配硬质材料的家具外，布艺类型的家具搭配也是不可或缺的，如布艺沙发、布艺床头板、布艺坐墩、懒人椅等。由于布艺家具的面料多数是直接固定在硬质框架上的，一般无法拆卸。因此在搭配时，应根据需求选择布艺家具的整体造型和表面材料。

四、地毯布艺

地毯是以棉、麻、毛、丝、草纱线等天然纤维或化学合成纤维类原料，经手工或机械工艺进行编结、栽绒或纺织而成的地面敷设物。在室内空间使用地毯，不仅能美化环境，营造气氛，而且还有一定的吸声降噪作用。如在过道铺陈地毯，走动时不会影响到其他人员。

根据地毯的特点不同，其铺陈方式也各有差异。短毛或花色较为单一的地毯通常铺陈在整个室内地面，而长毛绒或花色跳跃的地毯通常用于铺陈局部区域。在卧室、书房等需要安静的空间，可选用素雅色调的地毯；而在客厅、餐厅等空间，则可以选用色彩较鲜艳的地毯；玄关过道等空间，应选择能增强区域感的地毯，以突出其引导动线的功能。此外需要注意的是，在一些面积较小的空间内，应考虑地毯图案大小所带来的视觉影响。

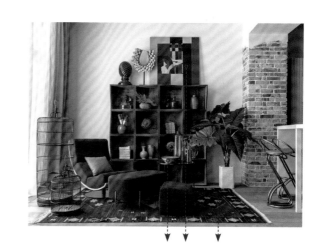

◇ 手工地毯的图案风格虽然复杂，但都非常经典。如果家里铺了手工地毯，那么在其他软装饰物上，宜用比较经典的图案，比如斑马纹、格子纹、佩斯利纹样等

五、壁毯布艺

壁毯也称挂毯，一般作为室内的壁面装饰，其原料和编织方法与地毯相同。挂毯的制作除了可以在传统栽绒地毯的工艺基础上进行，也可以借用其他编结工艺的手法，如编、织、结、绕扎、串挂、网扣等。此外，不少装饰绘画形式的挂毯，在艺术上注重形象的夸张和变形，在工艺上应用栽绒、刺绣、编结等不同技法，充分地表现了不同技法的艺术特色。

壁毯与室内其他布艺纺织品一样，在功能、样式、纹饰及色调上，都必须服从空间的整体布局效果，以加强挂毯与室内各个元素之间的相互渗透。客厅是家庭日常活动的主要场所，因此挂毯的设计，既要考虑居住者本身的文化修养等情况，也要考虑挂毯所体现的精神与文化；卧室是供人睡眠或休息的地方，在其墙面上采用大面积的挂毯，不仅可以起到吸光、隔声、保温的功能，而且可以静卧观赏，有利于营造开阔的视觉效果；由于玄关和过道空间的面积一般较为窄小，因此为其搭配挂毯时，其幅面也相对要小些，以保持人的视觉空间感。

六、餐用纺织品

餐用纺织品是指适用于就餐环境各类纺织品的统称，如常见的台布、桌旗、餐垫、杯垫、餐巾、椅套、椅垫等。合理搭配餐用纺织品，不仅可以让用餐区域焕然一新，还能为餐厅空间营造愉悦温馨的就餐氛围。在设计时，应根据室内软装的整体装饰风格，搭配不同的餐用纺织品。

种类	特点
台布	台布是覆盖于餐桌上用以防污或增加美观的物品，也称桌布。台布既具有实用性，又富有装饰性，且能保护餐桌及增添进餐者的食欲
桌旗	桌旗一般由上等的真丝或棉布等材质做成，常被铺设在桌子的中线或是对角线上。桌旗应与周围环境、物体、整体装饰的色调等相协调。提升品位和格调的同时，还能起到保护桌面的作用
餐垫与杯垫	餐垫与杯垫通常采用棉、麻、竹、纸布等材料做成，具有较强的摩擦力。不仅能够防止玻璃、瓷杯等餐具的滑落，保护桌面不被烫坏，而且由于其造型、色彩美观多样，因此装饰效果也十分突出
餐巾	餐巾是餐厅空间的一种专用保洁方巾。餐巾的颜色与大小应与台布配合，比如餐桌的整体如果为白色，那么更适合搭配同样的白色或浅色餐巾。同时，也可以搭配颜色较浅的花纹作为装饰
椅套与椅垫	椅套与椅垫是提升餐椅使用舒适度的布艺纺织品。在餐厅空间内，椅套、椅垫与台布一般都是配套的。同时，在色彩和面料上也会形成呼应，以加强餐厅空间的整体性

第二节

软装布艺材质分类

一、床品布艺材质分类

床品除了具有营造各种装饰风格的作用外，选择合适的床品材料还能起到适应季节变化、调节心情的作用。比如夏天选择清新淡雅棉麻材质的冷色调床品，可以达到一定的降温作用；冬天可以采用热情张扬的暖色调羽绒床品，达到防寒保暖的作用；春秋两季可以用色彩丰富一些的棉质床品，为卧室空间营造清新浪漫的气息。

类型	图示	特点
纯棉床品		纯棉手感好，使用舒适，带静电少，是床上用品广泛采用的材质。由于纯棉床品容易起皱，易缩水，弹性差，耐酸不耐碱，不宜在100°C以上的高温下长时间处理，所以在熨烫时进行喷湿处理，会更易于熨平。如果每次使用后都用蒸汽熨斗将产品熨平，效果会更好
涤棉床品		涤棉是采用65%涤纶、35%棉配比的涤棉面料，分为平纹和斜纹两种。平纹涤棉布面细薄，强度和耐磨性都很好，缩水率极小，制成的产品外形不易走样，且价格实惠，耐用性能好；斜纹涤棉通常比平纹密度大，所以显得密致厚实，表面光泽、手感都比平纹好
棉麻床品		棉麻就是棉和麻的混纺织物，结合了棉、麻材料各自的优点。棉与麻都来自纯天然，不仅对肌肤无任何刺激，而且还能缓解肌肉紧张，有益睡眠。由于亚麻的纤维是中空的，富含氧气，使厌氧菌无法生存，所以具有抑制细菌和真菌的效果。而棉纤维具有较好的吸湿性，纤维可向周围的大气中吸收水分，所以在接触人的皮肤时，能使人感到柔软而不僵硬
真丝床品		真丝面料的床品外观华丽、富贵，有天然柔光及闪烁效果，而且弹性和吸湿性比棉质床品好，但易脏污，对强烈日光的耐热性比棉差。由于真丝面料的纤维横截面呈独特的三角形，局部吸湿后对光的反射发生变化，容易形成水渍且很难消除，所以真丝面料制成的床品在熨烫时要垫白布

二、地毯布艺材质分类

地毯的材质很多，一般有羊毛、混纺、化纤、真皮、麻质等六种，不同的材质在视觉效果和触感上自然也是大相径庭，例如，纯毛材质给人的触感温柔舒适，而麻的质感则比较粗糙，给人感觉粗犷。除了棉麻之外，比较常见的地毯便是纤维材料了。地毯的纤维材料一般分为天然纤维和工业纤维两种，后者相比较前者更加环保耐用，清洗起来也没有太多的讲究。

类型	图示	特点
化纤地毯		化纤地毯分为两种，一种使用面主要是聚丙烯，背衬为防滑橡胶，价格与纯棉地毯差不多，但花样品种更多；另一种是雪尼尔簇绒系列地毯的仿品，形式与其类似，只是材料换成了化纤，价格便宜，但容易起静电
羊毛地毯		羊毛地毯一般以绵羊毛为原料编织而成，最常见的分为拉毛和平织两种。羊毛地毯拥有舒适的触感，非常轻易就能带来饱满充盈的感觉，而且能提升空间的温暖指数，通常多用于卧室或更衣室等私密空间
混纺地毯		混纺地毯是在纯毛地毯中加入了一定比例的化学纤维。在花色、质地、手感方面与纯毛地毯差别不大。装饰性不亚于羊毛地毯，且克服了羊毛地毯不耐虫蛀的特点
真丝地毯		真丝地毯是手工编织地毯中最为高贵的品种。真丝的质地光泽度很高，并且特别适合在夏天使用。目前市场上一些昂贵地毯上的图案用真丝制成，而其他部位仍然由羊毛编织
真皮地毯		真皮地毯一般指皮毛一体的地毯，例如牛皮、马皮、羊皮等，使用真皮地毯能让空间具有奢华感。此外，真皮地毯由于价格昂贵，还具有很高的收藏价值
麻质地毯		麻质地毯分为粗麻地毯、细麻地毯和剑麻地毯，拥有极为自然的粗犷质感和色彩，是一种具有质朴感和清凉气息的软装配饰

三、窗帘布艺材质分类

窗帘布艺按面料可分为棉质、纱质、丝质、亚麻、雪尼尔、植绒、人造纤维等。棉、麻是窗帘布艺常用的材料,易于洗涤和更换。一般丝质、绸缎等材质比较高档,价格相对较高。

类型	图示	特点
棉质窗帘		棉质属于天然的材质,由天然棉花纺织而成,吸水性、透气性佳,触感很好,染色色泽鲜艳。缺点是容易缩水,不耐阳光照射,长时间光照下棉质布料比其他布料容易受损
亚麻窗帘		亚麻属于天然材质,由植物的茎干抽取出纤维所制造成的织品,通常有粗麻和细麻之分。粗麻风格粗犷,而细麻则相对细腻一点。亚麻的天然纤维富有自然的质感,染色不易,所以天然麻布可选的颜色通常很少。亚麻窗帘的设计搭配多偏向于自然风格的装饰,例如小清新风格等
纱质窗帘		纱质窗帘装饰性强,透光性能好,能增强室内的纵深感,一般适合在客厅或阳台使用。但是纱质窗帘遮光能力弱,不适合在卧室使用
丝质窗帘		丝质属于纯天然材质,是由蚕茧抽丝做成的织品。其特点是光鲜亮丽,触感滑顺,十分具有贵气的感觉。但是纯丝绸价格较昂贵,现在市面上有较多混合丝绸,功能性强,使用寿命长,价格也更便宜一些
雪尼尔窗帘		雪尼尔窗帘,不仅具有本身材质的优良特性,而且表面花型有凹凸感,立体感强,整体看上去高档华丽,在家居环境中拥有极佳的装饰性,散发着典雅高贵的气质
植绒窗帘		很多别墅、会所想营造奢华艳丽的感觉,而又不想选择价格较贵的丝质、雪尼尔面料,可以考虑价格相对适中的植绒面料。植绒窗帘手感好,挡光度好,缺点是特别容易挂尘吸灰,洗后容易缩水,适合干洗
人造纤维窗帘		人造纤维目前在窗帘材料里是运用最广泛的材质,功能性超强,如耐日晒、不易变形、耐摩擦、染色性佳等

四、家具布艺材质分类

在室内设计中，为家具搭配布艺材料作为辅助，不仅能提升使用时的舒适度，而且由于布艺材质丰富多样，因此还能满足多样化的使用需求，并为室内空间带来更为丰富的装饰效果。

家具布艺的主体面料主要有大提花织物、绒类材质、棉麻材质、涂层类织物、复合类织物等。其面料主要采用化纤类原料制作，比如涤纶、锦纶、涤麻、涤棉和各种化纤混纺纤维。

由于面料是覆盖在坐具表面，因此对材料的耐用性、摩擦色牢度等要求较高。而且面料不宜过于光滑，例如缎面类的材料，坐在上面容易打滑；织锦类材料也不适合，容易在摩擦中出现破损；而绣花面料及经过钉珠处理的面料，使用时容易钩挂到衣物，因此也不适用于家具表面。

类型	图示	特点
大提花织物		大提花多以一种织物为基础，而以另一种或数种不同织物在其上显现花纹图案，如平纹地、缎纹花等。有时亦可利用不同颜色的经纬纱，使织物呈现彩色的大花纹。亦可配用不同的纤维种类、纱线支数和不同的经纬密度，制成各种风格的提花布艺家具面料
绒类材质		绒类材质能给人细腻温柔的感觉，而且防尘效果好、耐污性强，并具有良好的装饰效果。搭配时，尽量选择手感轻柔滑顺、颜色均匀、光泽感好、整体感强的绒布材料。如果是长绒绒布，可用手来回抚摸，如果无明显变色、发白，则说明质量较好；而短绒绒布则是绒越密越好，布越厚越佳
棉麻材质		棉麻由麻质和棉混纺织物制成，棉麻材质最大的优点是耐磨、透气性好，而且相对于其他布艺面料来说，其耐用度较高。一般的纯麻材料手感比较粗硬，如果直接将其用于家具上，整体的舒适度较低，而纯棉材料则在耐用程度上有所欠缺。棉麻混合面料有效避免了麻和棉各方的缺点，两者优劣互补，是家具布艺搭配的极佳选择
涂层织物		涂层织物是指将涂层黏合材料，在织物一面或正、反两面原位形成单层或多层涂层。涂层织物由两层或两层以上的材料组成，其中至少有一层是纺织品，而另一层是完全连续的聚合物涂层
复合类织物		复合类织物具有多种优异的性能，如织物表现细洁、精致，通气性好，而且还具备一定的防水功能。由于复合类织物采用超细纤维制作，因此还具有很高的清洁能力，即去污能力。同时耐磨性也较高，适用于家具布艺的设计

五、抱枕材质分类

抱枕主要由内芯和外包两个部分组成，通常内芯材料注重舒适度，而外包材料则注重与沙发及家居空间的融合度。此外，还可以根据家居风格为抱枕设计不同的缝边花式，让抱枕在家居空间中的装饰效果显得更加饱满。

抱枕的外包材料多种多样。不同材料的抱枕都能给人带来不一样的使用体验。一般桃皮绒的抱枕较为柔软舒适，而夏天则比较适合使用纯麻面料的抱枕，因为麻纤维具有较强的吸湿性和透气性。除上述外包材料，还有能够提升家居空间品质的真丝、真皮抱枕等。选择时既要符合居住者喜欢的质感和舒适度，也要与沙发的整体风格相称。如果家中沙发的材质比较细腻，就不要选择太粗糙的抱枕面料；如果喜欢比较夸张或者略带粗犷的原始味道，则建议选择帆布、麻布、棉麻等质地比较粗犷的材质。

◇ 丝绒与棉质两种材质的抱枕形成质感上的碰撞

◇ 抱枕材质应与沙发的整体风格形成呼应

枕芯是抱枕的一个主要组成部分，其常见的种类主要有棉花、PP 棉、羽绒、蚕丝等。此外，还有一些由高科技的复合材料制成的抱枕枕芯，在弹性回复力、保暖性、蓬松度、舒适感、耐洗性及使用寿命等方面，都有着更为优异的表现。此外，也可以采用天然填充物作为抱枕的枕芯，与复合纤维比起来，天然填充物不仅环保，而且舒适度也较高。

◆ 抱枕外包材料

类型	图示	特点
纯棉		纯棉面料是以棉花为原料，经纺织工艺生产的面料。以纯棉作为外包材料的抱枕，其使用舒适度较高。但需要注意的是，纯棉面料容易发生折皱现象，因此在使用后最好将其处理平整
蕾丝		蕾丝材料在视觉上会显得比较单薄，即使是多层的设计也不会觉得很厚重，因此以蕾丝作为包面的抱枕可以给人一种清凉的感觉，并且呈现出甜美优雅的视觉效果
亚麻		亚麻属于天然材质，是由植物的茎干抽取出纤维制造而成的织品，通常有粗麻和细麻之分。粗麻风格粗犷，而细麻则相对细腻。亚麻制作的窗帘富有自然质感，染色不易，因此天然麻布可选的颜色通常很少
聚酯纤维		聚酯纤维面料是以有机二元酸和二元醇缩聚而成的合成纤维，是当前合成纤维的第一大品种，又被称为涤纶。将其作为抱枕的外包材料，结实耐用，不霉不蛀
桃皮绒		桃皮绒是由超细纤维组成的一种薄型织物，由于其表面并没有绒毛，因此质感接近绸缎。又因其绒更短，表面几乎看不出绒毛而皮肤却能感知，手感和外观更细腻而别致，而且无明显的反光

◆ 抱枕内芯材料

类型	图示	特点
PP 棉		相对于其他的抱枕填充物来说，PP 棉不仅柔软舒适，价格比较便宜，而且还有着易清洗晾晒，手感蓬松柔软等特点，因此是目前市场上作为抱枕芯最多的一种填充物
羽绒		羽绒属于动物性蛋白质纤维，其纤维上密布千万个三角形的细小气孔，并且能够随着气温变化而收缩膨胀，产生调温的功能。因此羽绒抱枕具有轻柔舒适、吸湿透气的功能特点
棉花		棉花是最为常见的布艺原料，由于棉纤维细度较细有天然卷曲，截面有中腔，所以保暖性较好，蓄热能力很强，而且不易产生静电。因此以棉花为内芯的抱枕应定期晾晒，以保证最佳的使用效果
蚕丝		蚕丝也称天然丝，是自然界中最轻最柔最细的天然纤维。撤销外力后可轻松恢复原状，用蚕丝做成的抱枕内芯不结饼，不发闷，不缩拢，均匀柔和，而且可永久免翻使用

软装布艺搭配重点

不同功能及风格的空间，应搭配与之配套的软装布艺，并在材质、色彩等方面进行协调统一。让布艺与空间形成良性的互动，柔化空间的冰冷感，并赋予空间生命力。此外，由于有些空间设计不合理，会让人产生不适感，比如狭小的空间会让人感觉到压抑，过于宽阔的空间会让人感觉到空荡。在这种情况下，也可以通过布艺与室内其他软装元素的协调搭配，来调整室内的空间感，达到最佳的居住体验。

一、呼应风格主题

在室内空间的整体布置上，软装布艺要与其他装饰元素相呼应和协调。布艺的色彩、款式等表现形式，都应与室内装饰格调相统一。色彩浓重、花纹繁复的布艺适合欧式风格的空间；浅色且具有鲜艳彩度或简洁图案的布艺，更适合运用在现代感较强的空间；而在中式风格的室内空间中，则最好用带有中国传统图案的布艺作为搭配。

◇ 欧式风格布艺

◇ 中式风格布艺

◇ 现代风格布艺

二、确定主色调

选择软装布艺的色彩时，要结合家具色彩确定一个主色调，使室内空间整体的色彩、美感协调一致。恰到好处的布艺色彩搭配能为家居增色不少，胡乱堆砌则会适得其反。

> 家居布艺色彩的搭配原则通常是窗帘参照家具，地毯参照窗帘，床品参照地毯，小饰品参照床品。

每个环节看似有所区别，但又紧密相连。如需在同一空间同时使用几种布艺织物，应从中选定一种作为室内的主要装饰织物。

◇ 同一个空间中，窗帘、床品、地毯、沙发抱枕等布艺的色彩要形成一定的联系和呼应

◇ 以家具的色彩作为空间软装布艺的主色调

三、尺寸合理匹配

软装布艺的尺寸要适中，要与居室空间、悬挂的立面尺寸相匹配，在视觉上也要取得平衡感。例如，购买窗帘前的丈量原则就是从窗帘杆量起，并将钩子的长度计算在内，而不是从窗户上缘开始量起。窗帘的长度应超过窗台，具体超过多少参考居室整体风格。一般来说，落地窗帘可以让空间看起来较正式，也可以凸显一个小窗户在这个空间中的存在感。

◇ 落地窗帘一方面垂感很强，另一方面也增大了装饰空间

四、遵循和谐法则

一般来说面积比较大的布艺，如窗帘和床品，两者的色彩和图案在选择上都要和室内整体的空间环境色调相和谐。而大面积和小面积的布艺之间可以相互协调，也可以相互对比。例如，地面布艺多采用稍深的颜色，桌布和床品应反映出与地面色彩的协调或对比，元素尽量在地毯中选择，采用低于地面的色彩和明度的花纹来取得和谐是不错的方法。

地毯、桌布、床品等布艺，应与室内地面、家具的尺寸相和谐，这样才能在视觉上形成平衡感，为室内空间制造一个良好的整体印象。

◇ 窗帘与床品的色彩呼应使得卧室空间形成一个整体

五、改善户型缺陷

在室内设计过程中，经常会出现空间格局不如人意的情况。当硬性技术手段无法解决时，不妨选用颜色亮丽的布艺，并且搭配以醒目图案的抱枕、地毯等，人为地营造空间的氛围，使人的视线被温馨的布置所吸引，从而忽略房间的不足之处。例如，层高不够的空间选择色彩强烈的竖条图案的窗帘，且尽量不做帘头；采用素色窗帘，也可以显得简单明快，并能减少压抑感。

◇ 利用颜色亮丽的布艺确定空间中的视觉中心

◇ 竖条图案的窗帘可以有效拉升层高较矮空间的视觉高度

窗帘布艺搭配法则

一、窗帘布艺风格搭配

◆ 轻奢风格窗帘

轻奢风格的空间可以选择冷色调的窗帘来迎合其表达的高冷气质，色彩对比不宜强烈，多用类似色来表达低调的美感，然后再从质感上中和冷色带来的距离感。可以选择丝绒、丝绵等细腻、亮泽的面料，尤其是垂顺的面料更适合这一风格，因为垂顺的质地能给人一种温和柔美的感觉，具有非常好的亲和力。素色、简化的欧式纹样均为轻奢风格窗帘常用的纹样，多倍铅笔褶的款式结合细腻垂顺的面料特点能营造出简单而不失奢华的美感。

◆ 北欧风格窗帘

北欧风格以清新明亮为特色，所以白色、灰色系的窗帘是百搭款，简单又清新。如果搭配得宜，窗帘上出现大块的高纯度鲜艳色彩也是北欧风格中特别适用的。虽然纯色窗帘在此风格中也特别多见，但是纯色的选择一定要呼应家具的颜色。另外，几何图形也是北欧风的特色，用在儿童房、小型窗户上也是点睛之笔。

◇ 丝绒等垂顺面料的窗帘适合轻奢风格的空间

◇ 灰色系的窗帘是北欧风格空间最为常见的选择

◇ 只要搭配得宜，窗帘上出现大块的高纯度鲜艳色彩也是北欧风格中特别适用的

◆ **美式风格窗帘**

美式风格的窗帘强调耐用性与实用性，选材上十分广泛，印花布、纯棉布及手工纺织的麻织物都是很好的选择，与其他原木家具搭配，装饰效果更为出色。

美式风格的窗帘色彩可选择土褐色、酒红色、墨绿色、深蓝色等，浓而不艳、自然粗犷。传统美式风格的窗帘注重空间的和谐搭配，多采用花草与故事性图案。材质丰富且深色的绒布窗帘能凸显古典的美式空间，几何花纹的纯棉窗帘具有田园乡村的气息，是最常见的一种。

◇ 与室内整体色彩搭配和谐的美式风格窗帘营造自然的氛围

◇ 褐色一类的纯色系窗帘同样适合美式风格的空间

◆ **法式风格窗帘**

法式古典风格窗帘的颜色和图案也应偏向于跟家具一样的华丽、尊贵，多选用金色或酒红色这两种沉稳的颜色用于面料配色，显示出家居的豪华感。有时会运用一些卡奇色、褐色等做搭配，再配上带有珠子的花边增强窗帘的华丽感。另外，一些装饰性很强的窗幔及精致的流苏往往可以起画龙点睛的作用。

◇ 法式新古典风格窗帘

法式新古典风格的窗帘在色彩上可选用深红色、棕色、香槟银、暗黄及褐色等。面料以纯棉、麻质等自然舒适的面料为主，花型讲究韵律，弧线形、螺旋形的花型较常出现，力求线条的瑰丽华美，展现出新古典风格典雅大方的品质。

◇ 法式古典风格窗帘

◆ **东南亚风格窗帘**

东南亚风格的最佳搭档就是布艺，用它来装饰、点缀出浓郁的异域风情。东南亚风格的窗帘一般以自然色调为主，完全饱和的酒红色、墨绿色、土褐色等最为常见。棉麻等自然材质为主的窗帘款式往往显得粗犷自然，还拥有舒适的手感和良好的透气性。

◇ 棉麻材质的窗帘是东南亚风格的常见选择

◆ **新中式风格窗帘**

新中式风格的窗帘多为对称的设计，帘头比较简单，可运用一些拼接方法和特殊剪裁。

偏古典的新中式风格窗帘可以选择一些仿丝材质，既可以拥有真丝的质感、光泽和垂坠感，还可以加入金色、银色的运用，添加时尚感觉；偏禅意的新中式风格适合搭配棉麻材质的素色窗帘；比较传统雅致的空间窗帘建议选择沉稳的咖啡色调或者大地色系，如浅咖啡色或者灰色、褐色等；如果喜欢明媚、前卫的新中式风格，则最理想的窗帘色彩自然是高级灰。

◇ 丝质面料的窗帘给中式空间增添贵气

◇ 中式风格窗帘上除了出现如回纹等传统纹样以外，还经常带有流苏、吊穗等小细节

◇ 偏禅意的新中式风格适合搭配棉麻材质的素色窗帘

二、窗帘布艺色彩搭配

窗帘是家居空间软装设计的重点之一。生动精致的生活环境与窗帘的巧妙搭配密不可分。可以考虑在空间中找到类似的颜色或纹样作为选择方向，与整个空间形成很好的衔接。窗帘纹样不宜过于琐碎，要考虑打褶后的效果。

在中性色调的室内空间中，为了使窗帘更具装饰效果，可采用色彩强烈对比的手法，改变房间的视觉效果；如果空间中已有色彩鲜明的装饰画或家具、饰品等，可以选择色彩素雅的窗帘。在所有的中性色系窗帘中，如果确实很难决定，那么灰色窗帘是一个不错的选择，比白色耐脏，比褐色更加明亮。

◇ 运用对比色的手法搭配窗帘，让空间的氛围更加活泼

◇ 灰色窗帘适合多种装饰风格的室内空间

◎ 当地面同家具颜色对比度强时，以地面颜色为中心选择窗帘；地面颜色同家具颜色对比度较弱时，以家具颜色为中心选择窗帘。面积较小的房间就要选用不同于地面颜色的窗帘，否则会显得房间狭小。

◎ 选择和墙面相近的颜色，或者选择比墙壁颜色深一点的同色系颜色。例如，浅咖色是一种常见墙色，那就可以选比浅咖色深一些的浅褐色窗帘。

◎ 少数情况下，窗帘也可以和地毯色彩相呼应。但除非地毯本身也是中性色，可以按照地毯颜色做单色窗帘，否则就让窗帘带上一点地毯的颜色，不建议两者都用一种颜色。

◎ 像抱枕、台灯这样越小件的物品，越适合作为窗帘选色来源，不然会导致同一颜色在家里铺得太多。

◇ 以地毯颜色作为窗帘的色彩来源

◇ 以沙发抱枕的颜色作为窗帘的选色来源

◇ 选择比墙面颜色深一点的同色系窗帘

◇ 以家具颜色为中心选择窗帘的色彩

三、家居空间窗帘布艺应用

◆ 客厅窗帘

客厅窗帘的色彩和材质都应尽量选择与沙发相协调的面料，以达到整体氛围的统一。现代风格客厅最好选择轻柔的布质类面料，欧式风格客厅可选用柔滑的丝质面料。如果客厅空间很大，可选择风格华贵且质感厚重的窗帘，如绸缎、植绒面料等。

◇ 客厅窗帘与家具布艺、地毯及抱枕的色调相同，通过纹样差异营造层次感

◇ 欧式风格的窗帘面料强调华丽感

◆ 卧室窗帘

卧室窗帘的色彩、图案需要与床品相协调，以达到与整体装饰相协调的目的。通常遮光性是选购卧室窗帘的第一要素，棉、麻质地或者植绒、丝绸等面料的窗帘遮光性都不错。选择和床品一样的颜色，可以增强卧室的整体感。

◇ 纱帘加布帘是卧室窗帘的常见组合，遮光之外还可以营造浪漫情调

◇ 选择与床品色彩相近的窗帘可增加卧室空间的整体感

◆ **书房窗帘**

书房窗帘首先要考虑色彩不能太过艳丽，否则会影响读书的注意力，同时长期用眼，容易疲劳，所以在色彩上要考虑那些能缓解视力疲劳的自然色，给人以舒适的视觉感。

◇ 书房窗帘的色彩应考虑让人舒适的视觉感

◆ **餐厅窗帘**

餐厅位置如果不受曝晒，一般有一层薄纱即可。窗纱、印花卷帘、阳光帘均为上佳选择。罗马帘会显得更有档次。

◇ 餐厅窗帘与桌布的纹样形成呼应，可以更好地营造就餐氛围

◆ **儿童房窗帘**

出于对孩子安全健康的考虑，儿童房的窗帘应该经常换洗，所以应选择棉、麻这类便于洗涤更换的窗帘。常见的儿童房窗帘图案有卡通类、花纹类、趣味类等。卡通类的窗帘上通常印有儿童较喜欢的卡通人物或者图案等，色彩艳丽，形象活泼，体现儿童房的欢快气氛。

◇ 卡通类图案的窗帘最适合表现轻松欢快的儿童房氛围

◇ 甜美公主房主题的儿童房少不了粉色窗帘的点缀

◆ **厨房窗帘**

　　布艺窗帘的装饰性强，适合不同风格的厨房，因此也受到不少年轻人的喜爱。设计时可将厨房窗户分为三等分，上下透光，中间拦腰悬挂上一抹横向的小窗帘，或者中间透光，上下两边安装窗帘。这样一来，不仅保证厨房空间具有充足的光线，同时又阻隔了外界的视线，不做饭的时候就可以放下来，起到美化厨房的作用。

◆ **卫浴间窗帘**

　　卫浴间通常以安装百叶窗为主，既方便透光，还能有效保护隐私；上卷帘或侧卷帘的窗帘除了防水功能，还有花样繁多、尺寸随意的特点，也特别适合卫浴间使用。也有不少家庭会在卫浴间里安装纱帘，虽然纱帘很薄，但其遮光功能非常好。拉上纱帘后，不仅不影响卫浴间的采光，同时还能保证隐私，使用很方便。

　　在所有窗帘中，罗马帘可以说是一种很美观的窗帘，可以为卫浴间加分不少。但罗马帘也是布艺窗帘中的一种，卫浴间的环境偏潮湿，并不适合长期使用。不过目前制作罗马帘的材料也有很多种，可以为卫浴间挑选具有防水防潮性能的面料。

◇ 厨房的窗帘除了考虑美观，还应选择耐高温、耐油污的
　　面料

◇ 罗马帘可为欧式风格的卫浴间增彩，但注意应采用具有
　　防水防潮性能的面料

地毯布艺搭配法则

一、地毯布艺风格搭配

◆ **北欧风格地毯**

北欧风格的地毯有很多选择，一些极简图案、线条感强的地毯可以起到不错的装饰效果。黑白两色的搭配是配色中最常用的，同时也是北欧风格地毯经常会使用到的颜色。在北欧风格地毯中，苏格兰格子是常用的元素。此外，流苏是近年来非常流行的服装与家居装饰元素，不少北欧风格地毯也会使用流苏元素。

类型	图示	特点
单色地毯		单色系的地毯能为房间带来纯朴、安宁的感觉。例如，灰色织物地毯能很好地融入黑白灰色调的家居搭配，为空间提供一个柔软暖和的界面；浅色地毯可与白墙面在视觉上取得协调，与黑灰系的家具构成反差
多色地毯		多色拼接的地毯可以是较和谐的相近色搭配，也可以是富于张力的对比撞接。恰当的色彩组合能够活跃整个空间，成为房间布置的点睛之笔。此类型尤其适合客厅、过道等公共区域，并且通常面积不宜太广
几何线条式地毯		几何线条式的地毯极富设计感。无论是直线、斜线还是北欧风格中常见的菱形，几何的秩序感与形式美都可以呼应并强化空间整体的简洁特征。例如，黑色菱形纹理能够完美契合北欧家居所惯用的、构成感十足的黑色线条，如画框、玻璃框、灯杆、茶几等
带图案类地毯		北欧风格地毯的装饰图案不会格外绚烂，常常是在平淡中流露出雍容和美丽，这类地毯也宜择重点处布置，并做到突出而不突兀。如果整个房间的布置都是黑白灰的北欧基调，那么同样的黑白灰图案最契合不过了

◆ **轻奢风格地毯**

　　轻奢风格空间中，既可以选择简洁流畅的图案或线条，如波浪、圆形等抽象图形，也可以选择单色地毯，各种样式的几何元素地毯可为轻奢空间增添极大的趣味性，但图案和颜色在协调家具、地面等环境色的同时也要形成一定的层次感。比如沙发的面料图案繁复，那么地毯就应该选择素净的图案，若沙发图案过于素净，那么地毯可以选择更丰富一些的图案。

◇ 在轻奢风格空间中，经典的黑白两色组合而成的斑马纹地毯既不失野性张力，又优雅温和，更易驾驭

◆ **美式风格地毯**

　　美式风格地毯常用羊毛、亚麻两种材质。纯手工羊毛地毯营造出美式格调的低调奢华，在美式家居生活的场景中，客厅壁炉前或卧室床前常放一张羊毛地毯。而麻质编织地毯拥有极为自然的粗犷质感和色彩，用来呼应曲线优美的家具，效果都很不错。淡雅的素色向来是美式风格地毯的首选。传统的纹样和几何纹也很受欢迎，但简单的大色块或者图案比较大的地毯会破坏家里比较和谐的配色关系。圆形、长椭圆形、方形和长方形编结布条地毯是美式乡村风格标志性的传统地毯。

◇ 美式风格地毯

◆ **法式风格地毯**

　　在法式传统风格的空间中，法国的萨伏内里地毯和奥比松地毯一直都是首选；而法式田园风格的地毯最好选择色彩相对淡雅的图案，采用棉、羊毛或者现代化纤编织。植物花卉纹样是地毯纹样中较为常见的一种，能给大空间带来丰富饱满的效果，在法式风格中，常选用此类地毯以营造典雅华贵的空间氛围。

◇ 法式风格地毯

◆ **东南亚风格地毯**

　　饱含亚热带风情的东南亚风格适合亚麻质地的地毯，带有一种浓浓的自然原始气息。此外，可选用植物纤维为原料的手工编织地毯。在地毯花色方面，一般根据空间基调选择妩媚艳丽的色彩或抽象的几何图案，休闲妩媚并具有神秘感，表现出绚丽的自然风情。

◇ 东南亚特色的手工编织地毯表现出绚丽的自然风情

◆ **新中式风格地毯**

　　新中式风格地毯既可以选择具有抽象中式元素的图案，也可选择传统的回纹、万字纹或描绘花鸟山水、福禄寿喜等中国古典图案。通常大空间适合花纹较多的地毯，显得丰满，前提是家具花色不要太乱。而新中式风格的小户型中，大块的地毯不能太花，否则不仅显得空间小，而且也很难与新中式的家具搭配，地毯上只要有中式的四方连续元素点缀即可。

◇ 新中式水墨纹样地毯　　　　　　　　　　　　◇ 新中式祥云纹样地毯

二、地毯布艺色彩搭配

地毯通常有两种重要的颜色，称为边色和地色。边色就是手工地毯四周毯边的主色，地色就是毯边以内的背景色，而在这两种颜色中，地色占了毯面的绝大部分，也是软装时应该首要考虑的颜色。

在进行家居空间的软装搭配时，可以考虑地毯放在第一位进行选择，墙面、沙发、窗帘和抱枕都可以按照地毯的颜色去搭配，这样就会省心很多。比如地毯地色是米色，边色是深咖色，花纹是蓝色，那么墙面和沙发可以选择米色，搭配一个或两个蓝色的单人休闲椅，窗帘可以选择米色或蓝色的，但尽量保证它们都是单色，花纹也不要过多，这样整个空间就会非常有气质。

◇ 地毯的色彩与墙面、单椅以及窗帘等室内主体色相协调

在铺地毯时，要让地毯的地色与家里的软装饰品、装饰画的颜色保持在同一个色系，这样就能避免空间的视觉杂乱感。此外，还可以选择一两个与地毯纹样类似的小物件，这样就能最大限度地保证空间风格和谐。

◇ 地毯与花艺形成巧妙呼应，避免空间出现视觉杂乱感

◇ 地毯与餐椅及餐桌摆饰的色彩保持在同一色系，并通过纯度和明度的变化营造层次感

如果家里已经有比较复杂图案的装饰，比如窗帘、床品、椅面和软装饰品等，再选择图案复杂的地毯会显得空间过于张扬凌乱，此时可以退而求其次，选择一条小尺寸的地毯，更多的作用是装饰，将空间的氛围和质感烘托起来。

地毯按色彩和纹样主要分为纯色地毯和花纹地毯两类。

◆ 纯色地毯

类型	图示	特点
浅色地毯		在光线较暗的空间里选用浅色的地毯能使环境变得明亮,例如,纯白色的长绒地毯与同色的沙发、茶几、台灯搭配,就会呈现出一种干净纯粹的氛围
拼色地毯		拼色地毯的主色调最好与某种大型家具相符,或与其色调相对应,比如红色和橘色、灰色和粉色等,和谐又不失雅致。在沙发颜色较为素雅的时候,运用撞色搭配总会有惊艳的效果
深色地毯		在光线充裕、环境色偏浅的空间里选择深色的地毯,能使轻盈的空间变得厚重。例如,面积不大的房间经常会选择浅色地板,正好搭配颜色深的地毯

◆ 花纹地毯

类型	图示	特点
条纹地毯		简单大气的条纹地毯几乎成为各种家居风格的百搭地毯,只要在地毯配色上稍加留意,就能基本适合各种风格的空间
格纹地毯		在软装配饰纹样繁多的场景里,一张规矩的格纹地毯能让热闹的空间迅速冷静下来而又不显突兀
几何纹样地毯		几何纹样的地毯简约不失设计感,不管是混搭还是搭配北欧风格的家居都很合适。有些几何纹样的地毯立体感极强,适合应用于光线较强的房间内
动物纹样地毯		时尚界经常会采用豹纹、虎纹、斑马纹为设计要素。这种动物纹理天然地带着一种野性的韵味,这样的地毯让空间瞬间充满个性
植物纹样地毯		植物纹样是地毯纹样中较为常见的一种,能给大空间带来丰富饱满的效果,在欧式风格中,多选用此类地毯以营造典雅华贵的空间氛围

在色调单一的居室中铺上一块色彩或纹样相对丰富的地毯，地毯的位置会立刻成为目光的焦点，让空间重点突出。在色彩丰富的家居环境中，最好选用能呼应空间色彩的纯色地毯。

◇ 色调单一的居室中，色彩与图案丰富的手工地毯成为空间的视觉重点

☐ 地面与家具的色彩有着明显的反差

一张色彩明度介于地面与家具之间的地毯，能让视觉得到一个平稳的过渡。

☐ 地面与家具的颜色过于接近

在视觉上很容易会将地面与家具混为一体，这个时候就需要一张色彩与两者有着明显反差的地毯，从视觉上将地面与家具一分为二，而且地毯的色彩与两者反差越大效果越好。

☐ 地面与主体家具的颜色都比较浅

很容易造成空间失去重心的状况，不妨选择一块颜色较深的地毯来充当整个空间的重心。

◇ 家具与地面色彩反差较大，地毯的作用是让两者之间在视觉上形成平稳过渡

◇ 家具与地面的颜色过于接近，可选择一张色彩与两者形成明显反差的地毯

◇ 地面与家具的颜色较浅，可选择一块深色地毯增加空间的稳定感

在小房间中，应格外注意控制地毯的面积，铺满地毯会让房间显得过于拥挤，而最佳面积应占地面的 1/2 ~ 2/3。此外，相比大房间，小房间里的地毯更应注意与整体装饰色调和图案的协调统一。

三、家居空间地毯布艺应用

◆ 客厅地毯

　　客厅是走动最频繁的地方，最好选择耐磨、颜色耐脏的地毯。如果布艺沙发的颜色为多种，而且比较花，可以选择单色无图案的地毯样式。这种情况下颜色搭配的方法是从沙发上选择一种面积较大的颜色作为地毯的颜色，这样搭配会十分和谐，不会因颜色过多显得凌乱。如果沙发颜色比较单一，而墙面为某种鲜艳的颜色，则可以选择条纹地毯，或自己十分喜爱的图案，颜色的搭配依照比例大的同类色作为主色调。

　　客厅地毯尺寸的选择要与沙发尺寸相适应。当决定了怎么铺设地毯后，便可测量尺寸购买。

◇ 手工地毯的色彩呼应墙面，同时又与沙发的色彩形成对比，统一中又产生变化

◇ 地毯颜色从客厅沙发上提取

◇ 抽象的复古泼墨风格地毯，给人强烈的视觉冲击，适合搭配中性色的沙发

　　无论地毯是以哪种方式铺设，地毯距离墙面最好有 40 cm 的距离。不规则形状的地毯比较适合放在单张椅子下面，能突出椅子本身，特别是当单张椅子与沙发风格不同时，也不会显得突兀。

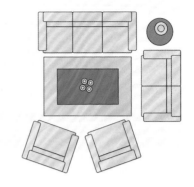

客厅的地毯可以使沙发椅子脚不压地毯边，只把地毯铺在茶几下面，这种铺毯方式是小客厅空间的最佳选择。

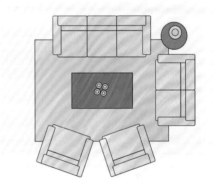

可以选择将沙发或者椅子的前半部分压着地毯。但这种铺毯方式要考虑沙发压着地毯多少尺寸，同时这种方式无论铺设，还是打扫地毯都十分不方便

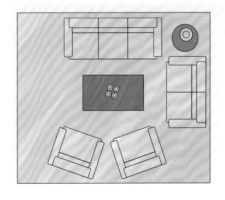

如果客厅比较大，可将地毯完全铺在沙发和茶几下方，这样就定义了大客厅的某个区域是会客区。但注意沙发的后腿与地毯边应留出15~20 cm 的距离。

◆ 卧室地毯

卧室的地毯以实用性和舒适性为主，宜选择花型较小，搭配得当的地毯图案，视觉上安静、温馨，同时色彩要考虑和家具的整体协调，材质上羊毛地毯和真丝地毯是首选。

◇ 新中式风格卧室中的黑白几何纹样地毯

◇ 卧室的地毯应考虑与床品、窗帘、装饰画等元素的色彩相协调

◇ 卧室空间相对私密，地毯材质以纯毛或真丝为首选

床的侧边铺设地毯

如果整个卧室的空间不大，床放在角落，那么可以在床边区域铺设一条手工地毯，可以是条毯或者小尺寸的地毯。地毯的宽度大概是两个床头柜的宽度，长度跟床的长度一致，或比床略长。

床和床头柜下方铺设地毯

如果床是摆在房间的中间，可以选择把地毯完全铺在床和床头柜下，一般情况下，床的左右两边和尾部应分别距离地毯边 90 cm 左右，当然可以根据卧室空间大小酌情调整。

除床头柜和床头位置以外铺设地毯

卧室中的地毯还可铺在除了床头柜和与其平行的床头以外的部分，并在床尾露出一部分地毯，通常情况下要距离床尾 90 cm 左右，但可以根据家里的卧室空间自由调整。这种情况下床头柜不用摆放在地毯上，地毯左右两边的露出部分尽量不要比床头柜的宽度窄。

床两侧铺设地毯

如果床两边的地毯跟床的长度一致，那么床尾也可选择一块小尺寸地毯，地毯长度和床的宽度一致。地毯的宽度不宜超过床的长度的一半。或者单独在床尾铺一条地毯。

床尾铺设地毯

如果觉得以上方法铺地毯太过麻烦，还需要把床搬来搬去，那么最简便的方法就是在床的左右两边各铺一条小尺寸的地毯。地毯的宽度约和床头柜同宽，或者比床头柜稍微宽一些，床头柜不压地毯，地毯长度可以根据床的长度而定，可以超出床的长度。

◆ **餐厅地毯**

作为餐厅的地毯，易用性是首要的，可选择平织或者短绒地毯。它能保证椅子不会因为过于柔软的地毯而不稳，也能因为较为粗糙的质地而更耐用。质地蓬松的地毯比较适合起居室和卧室。如果餐厅中的地毯是最先购买的，那么可以将其作为餐厅总体配色的一个基调，再选择墙面的颜色和其他软装饰品，保证餐厅色调的平衡。

地毯的尺寸一定要超过人坐下吃饭的范围。这样既美观，又能避免拉动椅子的时候损坏地毯。

◇ 餐厅地毯可以作为主色调，由此延展出整个空间的配色

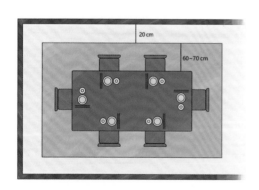

◇ 餐厅地毯铺设尺寸

◇ 餐厅地毯应与桌旗、装饰画等软装元素的色彩形成整体

一般情况下，餐桌边缘向外延伸 60~70 cm 就是地毯的尺寸。当然也可以根据餐厅的实际情况进行调整，但是最好不要少于 60 cm，这样既舒适又美观。此外，餐厅地毯距离墙面也不要太近，两者相距至少要 20 cm。如果餐厅比较小，那么地毯与墙面之间最好留出 40~50 cm 的距离，才能让空间显得不那么拥挤。

如果根据餐桌的形状选择地毯，圆形的餐桌与圆形地毯和正方形地毯比较搭配，长方形和椭圆形的餐桌更适合长方形的地毯，正方形的餐桌适合搭配正方形的地毯，也可以搭配圆形地毯。

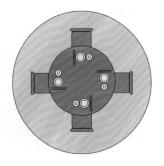

圆形的餐桌可选择圆形或者正方形的地毯。

长方形餐桌适合选择长方形的地毯。
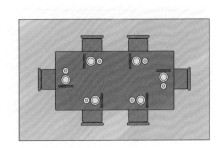

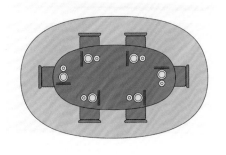
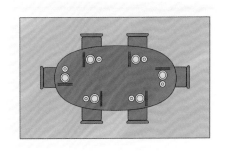

椭圆形的餐桌适合搭配椭圆形或长方形的地毯。

◆ 玄关与过道地毯

在玄关铺地毯也是常见选择。玄关地面使用频率高，一般可以选择腈纶、仿丝等化纤地毯，这类地毯价格适中，耐磨损，保养方便。玄关地毯背部应有防滑垫或胶质网布，但这类地毯面积比较小，质量轻，如没有防滑处理，从上面经过容易滑倒或绊倒。玄关地毯花色，可根据喜好随意搭配，但要注意的是，如果选择单色玄关地毯，颜色尽量深一些，浅色的玄关地毯易污损。

对于户型比较狭窄的玄关，可以选择简单的素色地毯或线条感比较强烈的地毯，在视觉上起到延伸的作用，让玄关看起来更大。要想使空间变大，还要学会充分利用线条和颜色，横向线条、明快的颜色都能起到很好的效果。

选择过道地毯时，可以把过道形状进行等比例缩小，这样视觉上才会平衡协调。如果过道比较狭长，视觉上看起来很单调，可以放置一条颜色丰富带横条纹的地毯，横条纹在视觉上有横向拉伸的感觉，让狭长的走廊在视觉上显得宽敞起来。

◇ 玄关处的地毯宜选择耐磨的材质，满足使用需求

◇ 狭长的过道可选择横条纹的地毯，让视线向左右拉伸

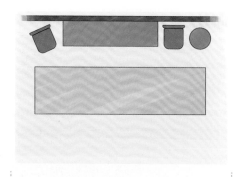

过道地毯要离墙面 40~90 cm，长度随意而设，如果过道上放置了家具，可以铺设在家具一边。

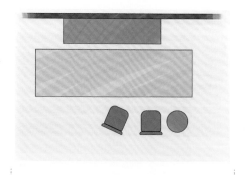

过道毯可以铺设在家具中间，将家具分隔开。

厨房地毯

　　丙纶地毯多为深色花色，弄脏后不明显，清洁也比较简便，因此在厨房这种易脏的环境中使用是最佳的选择方案。此外，棉质地毯也是不错的选择，因为棉质地毯吸水吸油性好，同时因为是天然材质，在厨房中使用更加安全。

◇　开放式厨房选择一块手工地毯装饰地面是较流行的做法

◇　放在厨房的地毯必须防滑、吸水

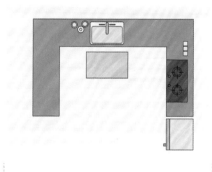

厨房洗手池下方区域铺设小尺寸地毯。

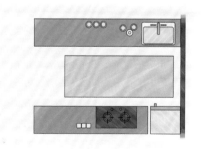

在厨房的通道上铺设条毯。

◆ **卫浴间地毯**

选择卫浴间的地毯，需要具备防滑、吸水、不发臭、耐用等特点，例如橡胶地垫或塑料地毯就很不错，但是这些地毯可能在美观上不尽人意。所以，目前很多人会选择纯棉地毯，耐用又好看，通常会放在卫浴间的干区，或者是卫浴间的门口。

◇ 卫浴间的地毯应具备吸水的特点，同时放置在干区的位置

◇ 棉质地毯

◇ 羊毛地毯

◇ 麻质地毯

床品布艺搭配法则

一、床品布艺风格搭配

◆ **轻奢风格床品布艺**

　　轻奢风格的床品常用低纯度高明度的色彩作为基础，比如暖灰、浅驼等颜色，靠枕、抱枕等搭配不宜色彩对比过于强烈。在面料上，压绉、衍缝、白织提花面料都是非常好的选择，点缀性地配以皮草或丝绒面料可以丰富床品的层次感，强调视觉效果。

◇ 带有光泽感的面料流露出轻奢气息，不同明度的蓝色创造出丰富的层次感

◇ 轻奢风格的床品可加入皮草或丝绒面料等加以点缀

◆ **北欧风格床品布艺**

　　北欧风格的卧室中常常采用单一色彩的床品，多以白色、灰色等来呼应空间中大量的白墙和木色家具，让空间整体形成很好的融合感。如果觉得纯色的床品比较单调乏味，则可以搭配简单几何纹样的淡色面料做点缀，让北欧风格的卧室空间显得更为活泼生动。

◇ 单一色彩的床品可为北欧风格卧室营造纯朴安静的氛围

◆ 法式风格床品

法式古典风格的床品多采用大马士革、佩斯利图案，风格上体现出精致、大方、庄严、稳重的特点。法式新古典风格床品经常出现一些艳丽、明亮的色彩，材质上经常会使用一些光鲜的面料，例如真丝、钻石绒等，意在把新古典风格华贵的气质演绎到极致。

◇ 法式风格床品上多见大马士革、佩斯利等经典图案

◆ 乡村风格床品

乡村风格的床品在面料上常采用纯棉或者亚麻材料，营造一种自然的氛围。在花纹上常出现一些植物图案或者碎花图案，再配以格子和圆点做装饰点缀。此外，以补丁面料形式展现出来的床品布艺，已经不是为了缓解资源不足的生活必需品，反而成为一种追怀田园生活的手工艺术。

◇ 乡村风格床品通常以蔓藤类的枝叶为原形设计

◆ 日式风格床品

纯棉材质的床品是打造日式风格的不二选择，特别是天竺棉，它质地柔软，具有良好的透气性和延展性，面料触感无比柔软，犹如贴身衣物，贴近自然。日式简约风格的床品常有 AB 面的设计，简约时尚，随心而换，符合现代人的生活品质要求。

◇ 低彩度的格纹棉麻床品营造简洁恬淡的日式氛围

◆ **地中海风格床品**

地中海风格的主要特点是带给人轻松浪漫的居室氛围，因此其床品材质通常会采用天然的棉麻，搭配轻快的地中海经典色系，使卧室看起来有一股清凉的气息。碧海、蓝天、白沙的色调是地中海的三个主色，也是地中海风格床品搭配的三个重要颜色，而且无论是条纹还是格子的图案搭配都能让人感受到一种大自然柔和的魅力。

◇ 海洋生物图案的蓝白色床品仿佛海风扑面而来

◆ **东南亚风格床品**

东南亚风格的床品色彩丰富，可以总结为艳、魅，多采用民族的工艺织锦方式，整体感觉华丽热烈，但不落庸俗之列。

◇ 东南亚风格的床品色彩丰富，给人以华丽浓烈之感

◆ **新中式风格床品**

新中式风格的床品需要从纹样上延续中式传统文化的意韵，从色彩上突破传统中式配色手法，利用这种内在的矛盾打造强烈的视觉印象。在具体款式上，新中式风格的床品不像欧式床品那样要使用流苏、荷叶边等丰富装饰，简洁是新中式床品的特点，重点在于色彩和纹样要体现一种意境感，例如回纹、花鸟等图案就很容易展现中国风情。

◇ 新中式风格的床品通常带有寓意吉祥的中式传统纹样

二、床品布艺色彩搭配

床品的色彩和图案直接影响卧室装饰的协调统一，从而间接影响睡眠心理和睡眠质量。因此，在确定床品材质后，一定要根据卧室风格慎重选择床品的色彩和图案。

首先，床品要与卧室的装饰风格保持一致，自然花卉图案的床品适合田园格调，抽象图案则更适合简洁的现代风格。其次，床品在不同主题的居室中，选择的色调自然不一样。对于年轻女孩来说，粉色是最佳选择，粉粉嫩嫩可爱至极；成熟男士则适用蓝色，蓝色体现理性，给人以冷静之感。

如果是一个人居住，从心理学上来说，颜色鲜艳的床品能够填充冷清感；如果是多人居住，条纹或者方格的床品是一个合适的选择；如果卧室面积偏小，最好选用浅色系床品来营造卧室宽敞的氛围；如果卧室很大，可选用强暖色床品去营造亲密接触的空间。

◇ 粉色床品适合年轻女性的卧室

◇ 蓝色床品体现成熟男士的理性

◇ 鲜艳色彩的床品活跃房间氛围

◇ 格纹床品适合多人居住的卧室

床品通常根据卧室主体颜色搭配相似颜色，例如，卧室主体颜色是紫色，应搭配以白色为主、带少许紫色装饰图案的床品，而不要再选择大面积为紫色的床品，否则整体就显得混为一体，没有层次感。

◇ 床品色彩通常根据卧室主体色搭配

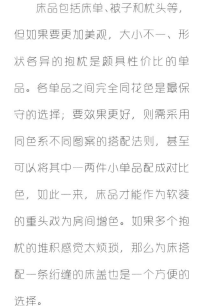

床品包括床单、被子和枕头等，但如果要更加美观，大小不一、形状各异的抱枕是颇具性价比的单品。各单品之间完全同花色是最保守的选择；要效果更好，则需采用同色系不同图案的搭配法则，甚至可以将其中一两件小单品配成对比色，如此一来，床品才能作为软装的重头戏为房间增色。如果多个抱枕的堆积感觉太烦琐，那么为床搭配一条绗缝的床盖也是一个方便的选择。

◇ 床品布艺与地毯、窗帘的色彩形成一定的呼应，给人协调感的同时又有主次之分

如果卧室的主体颜色是浅色，床品再搭配浅色，整体就显得苍白、平淡，没有色彩感。这种情况下建议床品可搭配一些深色或鲜艳的颜色，如咖啡色、紫色、绿色、黄色等，整个空间就显得富有生机，给人一种强烈的视觉冲击感。反之，卧室主体颜色是深色，床品应选择一些浅色或鲜亮的颜色，如果再搭配深色床品，就显得沉闷、压抑。

虽然深色床品在创造卧室氛围上比浅色床品更出色，但现在大多床品还是使用印染技术，不排除一些小品牌选择的廉价染料，可能含有偶氮、甲醛等有害物质。因此，从颜色的角度来看，床品越浅淡越素雅，其安全性越高。例如，纯白色系列的床品，通常采用纯天然的棉花制成，不存在染色及其他化学剂的成分，因此较为安全。

如需选择带有图案花纹的床品，可考虑提花及刺绣工艺的类型，因为这些图案是利用机器在纺织过程中用棉线制作而成，而不是利用化学剂印染上去的，因此不存在含有有害物质的染料。

◇ 浅色卧室空间适合选择鲜艳色彩的床品营造活力与生机

◇ 纯白色床品相比于深色系床品，更能保证健康和环保

三、床品布艺氛围营造

现代家居在床品设计上越来越注重时尚与实用的结合，以体现家居装饰的个性与品位。多种多样的色彩、图案、款式设计让床品拥有了丰富的装饰效果。在搭配床品时，无论是选择浪漫、自然、古典还是前卫的款式，都应根据卧室的使用对象及装饰风格进行搭配，才能营造良好的睡眠氛围。

类型	图示	特点
传统氛围		打造传统中式氛围的床品，需从纹样上延续中式传统文化的意韵，从色彩上突破传统中式的配色手法，利用这种内在的矛盾打造强烈的视觉印象
奢华氛围		营造奢华氛围的床品多采用象征身份与地位的金黄色、紫色、玉粉色为主色调，流露出贵族名门的豪气。一般此类床品用料讲究，多采用高档舒适的提花面料。大气的大马革图案、丰富饱满的褶皱及精美的刺绣和镶嵌工艺，都是搭配奢华床品的重要元素
素雅氛围		营造素雅氛围的床品通常没有中式床品的大红大紫，也没有欧式的富丽堂皇，而是采用单一色。在装饰花纹上，也没有丰富花卉图案，取而代之是简约的线条、经典的条纹或者格子
自然氛围		搭配自然风格的床品，通常以一款植物花卉图案为中心，辅以格纹、条纹、波点、纯色等，忌各种花卉图案混杂
简约氛围		搭配一组耐人寻味的简约风格床品，纯色是惯用的手法。面料的质感也十分关键，压绉、衍缝、白织提花面料都是非常好的选择
活跃氛围		格纹、条纹、卡通图案是男孩房床品的经典纹样，强烈的色彩对比能衬托出男孩活泼、阳光的性格特征，面料宜选用纯棉、棉麻混纺等亲肤的材质
梦幻氛围		搭配梦幻氛围的女孩房床品，粉色系是不二之选。轻盈的蕾丝织物、多层荷叶花边、花朵、蝴蝶结等都是女孩房的经典元素
知性氛围		有序列的几何图形能带来整齐、冷静的视觉感受，打造知性干练的卧室空间选用这一系列的图案是个非常不错的选择
个性氛围		动物皮毛、仿生织物应用于装饰类的构件即好，可以打造十足的个性气息。但避免大面积的使用，否则会让整套床品看起来臃肿浮夸

Furnishing

Design

5

第五章

家居空间
装饰画与照片墙布置

装饰画制作类型

在软装设计中装饰画主要分为机器印刷画、定制手绘画和实物装裱画三大类。印刷画里含有成品的画芯。画芯品质不论高低，均统称为印刷画。定制手绘画多种多样，包括国画、水墨画、工笔画、油画等，这些各式各样的画品都属于手绘类的表现形式。实物装裱画也称之为装置艺术，比如平时看到的一些工艺画品，它的画面是由许许多多金属小零件或陶瓷碎片组成的。

一、机器印刷画

机器印刷画是家居空间中最为常见的装饰画类型，价格相对较低，几十元到几百元不等，但表面比较光滑，缺少立体感，采用画芯、卡纸及画框装裱，一般需要 1~2 周。

◇ 机器印刷画

二、定制手绘画

视觉上显得自然，有墨迹立体感，可以水洗不掉色，具有一定的收藏意义，根据作者的收费而有所不同。绘制通常需要20~50 天，完成后加上画框装裱的时间，一般需要 1~2 个月。

◇ 定制手绘画

三、实物装裱画

以一些实物作为装裱内容，让人耳目一新，立体感较强。根据内嵌的物品不同，价格差别比较大。先制作实物画芯，然后排列画面里的所有材料，再进行粘贴或一些其他工艺，一般需要2~3 周。

◇ 实物装裱画

装饰画搭配重点

一、装饰画风格搭配

◆ **中式风格装饰画**

中式古典风格气质古朴优雅，搭配国画是最佳的选择。新中式风格装饰画一般会采取大量的留白，渲染唯美诗意的意境。内容为水墨画或带有中式元素的写意画，例如完全相同或主题成系列的山水、花鸟、风景等装饰画。

◆ **欧式风格装饰画**

欧式古典风格的装饰画通常会选择复古题材的人物或风景内容。如一些古典气质的宫廷油画、历史人物肖像画、花卉及动物图案等，色彩明快亮丽，主题传统生动。

装饰画的画框可以选择描金或者金属加以精致繁复的雕刻，从材质、颜色上与家具、墙面的装饰相协调，采用金色画框显得奢华大气，银色画框沉稳低调。通常厚重质感的画框对古典油画的内容、色彩可以起到很好的衬托作用。

◇ 新中式风格装饰画　　　　　◇ 中式传统国画　　　　　◇ 欧式风格装饰画

◆ **北欧风格装饰画**

以简约著称的北欧风，既有回归自然崇尚原木的韵味，也有与时俱进的时尚艺术感，装饰画的选择也应符合这个原则，最常见的是充满现代抽象感的画作，内容可以是字母、马头形状或者人像，再配以简而细的画框，非常利于营造自然清新的北欧风情。

注意偏古典系列和印象派的人物、花鸟画作都不太适合北欧风格。此外北欧风格的家居中装饰画的数量应少而精，并注意整体空间的留白。

◇ 北欧风格装饰画

◆ **工业风格装饰画**

在工业风格空间的砖墙上搭配几幅装饰画，沉闷冰冷的室内气氛就会显得生动活泼起来，也会增加几分温暖的感觉。挂画题材可以是具有强烈视觉冲击力的大幅油画、广告画或者地图，也可以是一些自己的手绘画，或者是艺术感较强的黑白摄影作品。

◇ 工业风格装饰画

◆ **波普风格装饰画**

波普风格装饰画通过塑造夸张的、大众化、通俗化的方式展现波普艺术。画面色彩强烈而明朗，设计风格变化无常，浓烈的色彩、重复的图案渲染大胆个性的氛围感。

◇ 波普风格装饰画具有图案重复、色彩鲜亮的特点

◆ **美式乡村风格装饰画**

美式乡村风格以自然怀旧的格调凸显舒适安逸的生活。装饰画的主题多以自然动植物或怀旧的照片为主，尽显自然乡村风味。画框多为做旧的棕色或黑白色实木框，可以根据墙面大小选择合适数量的装饰画错落有致地摆放。

◇ 现代美式风格装饰画

◆ **现代简约风格装饰画**

现代简约风格装饰画选择范围比较灵活，抽象画、概念画以及未来题材、科技题材的装饰画等都可以尝试。色彩上选择带亮黄、橘红的装饰画能点亮视觉，暖化大理石、钢材构筑的冷硬空间。

◇ 现代简约风格空间常见黑白灰三色为主的装饰画

◆ **现代轻奢风格装饰画**

现代轻奢的室内空间于细节中彰显贵气，抽象画的想象艺术能更好地融入这种矛盾美的空间里，既可以在墙上挂一幅装饰画，也可以把多幅装饰画拼接成大幅组合，制造强烈的视觉冲击。轻奢风格装饰画画框以细边的金属拉丝框为最佳选择，最好与同样材质的灯饰和摆件进行呼应，给人以精致奢华的视觉体验。

◇ 多幅装饰画拼接成大幅组合，具有强烈的视觉冲击感　　　◇ 细边的金属拉丝画框提升空间的精致感与品质感

二、装饰画画框搭配

　　不同风格的装饰画会选择不同的画框。通常经典、厚重或者华丽的风格需要质感和形状都很突出的画框来衬托，而现代极简一类的风格，往往需要弱化画框的作用，给人以简洁的印象。对于内容比较轻松愉悦的装饰画而言，细框是最合适的选择。混搭风格的空间对于画框的限制比较小，可以采用不同材质的组合、雕花边框和光面边框的组合、有框和无框的组合。

◇　现代装饰画通常选择无框或直线条的画框

　　画框的宽窄取决于画面的基调与想要传达的内容。就如同博物馆中的那些著名画作一样，如果画作本身足够出色，那么即使是搭配最简单的线条也会引人注意。过宽的画框会让装饰画看起来太过沉重，过于细窄的画框则会让一幅严谨的作品看上去同海报般无足轻重。此外，画框的选择不仅跟设计风格有关，而且还要尽量做到与所处墙面的质感和色彩拉开少许层次，或者是用画面的本身与之拉开层次。

◇　古典油画适合选择雕花的镀金画框

　　画框材质多样，有实木边框、聚氨酯塑料发泡边框、金属边框等，具体根据实际的需要搭配。一般来说，实木画框适合水墨国画，造型复杂的画框适用于厚重的油画、现代画选择直线条的简单画框。

◇　实木画框

◇　发泡画框

◇　金属边框

三、装饰画色彩搭配

装饰画的色彩要与室内空间的主色调进行搭配，一般情况下两者之间应尽量做到色彩的有机呼应。例如，客厅装饰画以沙发为中心，中性色和浅色沙发适合搭配暖色调的装饰画，红色、黄色等颜色比较鲜亮的沙发适合配以中性基调或相近色系的装饰画。

通常装饰画的色彩分成两块，一块是画框的颜色，另外一块是画面的颜色。这两者之间需要有一个和房间内的沙发、桌子、地面或者墙面的颜色相协调，这样才能给人和谐舒适的视觉效果。最好的办法是装饰画色彩的主色从主要家具中提取，而点缀的辅色可以从饰品中提取。

◇ 从抱枕等小物件中提取装饰画的色彩，并通过纯度的差异制造层次感

◇ 从主要家具中提取装饰画的色彩，达到整体和谐的视觉效果

◇ 冷色系装饰画适合暖色调的空间

◇ 暖色系装饰画适合冷色调的空间

画框的色彩可以很好地提升装饰画的艺术性，画框颜色要根据画面本身的颜色和内容来确定。比较常见的画框颜色有原木色、黑色、白色、金色、银色等。如果整体风格相对和谐、温馨，画框宜选择墙面颜色和画面颜色的过渡色；如果整体风格相对个性，装饰画也偏向于采用选择墙面颜色的对比色，则可采用色彩突出的画框，形成更强烈和动感的视觉效果。

◇ 原木色画框

◇ 彩色画框

◇ 黑色画框

◇ 白色画框

◇ 金色画框

装饰画悬挂方式

一、挂画法则

装饰画悬挂法则图可作为墙面挂画的参考。其中视平线的高度决定挂画的合理高度；梯形线让整个画面具有稳定感；轴心线对应空间的轴心，沙发、茶几、吊灯以及电视墙的中心线都可以在轴心线上，与之呼应；A 的高度要小于 B 的高度，C 的角度在 60°～80° 之间。

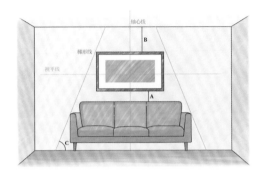

◇ 装饰画悬挂法则图

二、挂画尺寸与比例

客厅装饰画的尺寸大小应该取决于沙发的大小，与之呈一定比例，看起来会更加匹配和谐。例如长度为 2 m 左右的沙发搭配 50 cm×50 cm 或者 60 cm×60 cm 的装饰画，长度为 3 m 以上的沙发则需搭配 60 cm×60 cm 或者 70 cm×70 cm 的装饰画。

卧室和书房的装饰画尺寸都应比客厅的小一些。一般为 50 cm×50 cm 或者 40 cm×70 cm。如果空间较大，可以考虑 60 cm×60 cm 或者 60 cm×80 cm 的装饰画。

餐厅装饰画的尺寸一般为 40 cm×60 cm 或者 40 cm×40 cm，如果空间较大，装饰画用 50 cm×50 cm 或者 50 cm×70 cm 的尺寸比较合适，不过不一定是单幅画，可以多挂几幅。

◇ 客厅装饰画与沙发呈一定的比例，视觉上显得和谐平衡

三、不同形式的挂画要点

◆ 单幅装饰画

　　如果所选装饰画的尺寸很大，或者需要重点展示某幅画作，又或是想形成大面积留白且焦点集中的视觉效果时，都适宜采用单幅悬挂法，要注意所在墙面一定要够开阔，避免形成拥挤的感觉。不过除非是一幅遮盖住整个墙面的装饰画，否则就要注意画面与墙面之间的比例要适当，上下左右一定要适当留白。

> 　　不要贴着吊顶悬挂，即使这就是观者的水平视线，也不要挂在这个位置，否则会让空间显得很压抑。餐厅中的装饰画要挂得低一点，适于就餐者的视平线

◆ 两幅一组的挂画

　　中心间距最好是 7~8 cm。这样才能让人觉得这两幅画是一组画。眼睛看到这面墙，只有一个视觉焦点。

◇ 单幅装饰画应把握好与墙面大小的比例，成为视觉中心的同时避免形成拥挤的感觉

◇ 如果是两幅一组的装饰画，中间间距宜控制在 7~8 cm

◆ 多幅装饰画

应考虑画与画之间的距离，两幅相同的装饰画之间距离一定要保持一致，但是不要太过于规则，还需要保持一定的错落感。一般多为 2 ~ 4 幅装饰画以横向或纵向的形式均匀对称分布，画框的尺寸、样式、色彩通常是统一的，画面内容最好选设计好的固定套系。如果想单选画芯搭配，一定要放在一起比对是否协调。

◇ 多个相同尺寸的装饰画，在悬挂时可保持一定的错落感

如果是悬挂大小不一的多幅装饰画，则不是以画作的底部或顶部为水平标准，而是以画作中心为水平标准。当然同等高度和大小的装饰画就没有那么多限制了，整齐对称排列就好。

◇ 墙面上悬挂多幅大小不一的装饰画，以最大幅装饰画的中心为水平标准

◆ 空白墙面挂画

通常人站立时的视线平行高度或者略低的位置是装饰画的最佳观赏高度。一般挂画高度最好就是画面中心位置距地面 1.5 m 处。

有时装饰画的高度还要根据周围摆件来决定，一般要求摆件的高度和面积不超过装饰画的 1/3 为宜，且不能遮挡画面的主要表现点。

装饰画和墙面的比例

墙面的宽度 ×0.57= 最理想的挂画宽度。

如果想要挂一套画组，那就先把一组装饰画想象成一个单一的个体。

◇ 装饰画的高度还要根据周围摆件来决定，一般要求摆件的高度和面积不超过装饰画的 1/3 为宜，且不能遮挡画面的主要表现点

四、七种常见的挂画形式

◆ **对称挂法**

对称挂法多为 2~4 幅装饰画，以轴心线为准，采用横向或纵向的形式均匀对称分布，画与画之间的间距最好小于单幅画边长的 1/5，达到视觉上平衡效果。画框的尺寸、样式及色彩通常是统一的，画面最好选择同一色调或是同一系列的内容，这种方式比较保守，不易出错。

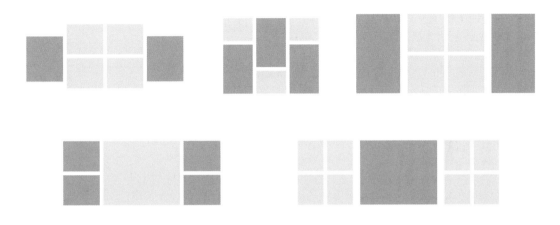

◆ **宫格挂法**

宫格挂法是最不容易出错的方法。只要用统一尺寸的装饰画拼出方正的造型即可。悬挂时上下齐平，间距相同，一行或多行均可。画框和装裱方式通常是统一的，6 幅组、8 幅组或 9 幅组时，最好选择成品组合。而单行多幅连排时画芯内容可灵活些，但要保持画框的统一性。

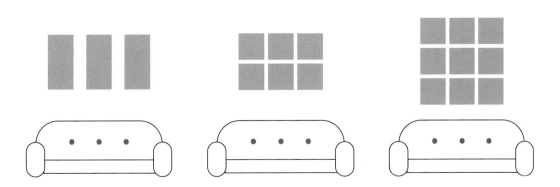

◆ **混搭挂法**

采用一些挂钟、工艺品挂件来替代部分装饰画，并且整体混搭排列成方框，形成一个有趣的更有质感的展示区。排列组合的方式与装饰画的挂法相同，只不过把其中的部分画作用饰品替代而已。这样的组合适用于墙面和周边比较简洁的环境，否则会显得杂乱。

◆ **水平线挂法**

水平线挂法分为上水平线挂法和下水平线挂法。上水平线挂法是将画框的上缘保持在一条水平线上，形成一种将画悬挂在一条笔直绳子上的视觉效果。下水平线挂法是指无论装饰画如何错落，所有画框的底线都保持在同一水平线上，相对于上线齐平法，这种排列的视觉稳定性更好，因此画框和画芯可以多些变化。

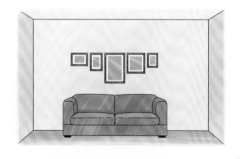

◇ 上水平线挂法

◇ 下水平线挂法

◆ **阶梯排列法**

楼梯的照片墙最适合用阶梯式排列法，核心是照片墙的下部边缘要呈现阶梯向上的形状，符合踏步而上的节奏。不仅具有引导视线的作用，而且表现出十足的生活气息。这种装饰手法在早期欧洲盛行一时，特别适合房高较高的房子。

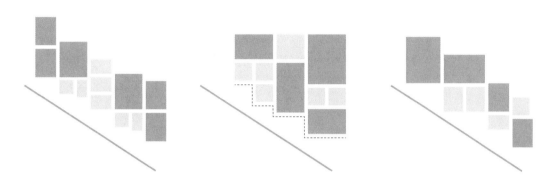

◆ **对角线排列法**

以对角线为基准，装饰画沿着对角线分布。组合方式多种多样，最终可以形成正方形、长方形、不规则形等。

◆ **搁板陈列法**

当装饰画置于搁板上时，可以让小尺寸装饰画压住大尺寸装饰画，将重点内容压在非重点内容前方，这种方式给人视觉上的层次感。

家居空间装饰画搭配方案

一、客厅装饰画搭配方案

客厅的大小直接影响着装饰画尺寸的大小。通常大客厅可以选择尺寸大的装饰画，营造一种开阔大气的意境。小客厅可以选择多挂几幅尺寸较小的装饰画作为点缀。一般来说，狭长的墙面适合挂放狭长、多幅组合或者小幅的画；方形的墙面适合挂放横幅、方形或者小幅画。

如果选择单幅挂画作为客厅墙面的装饰，最好选择尺寸较大的装饰画，不仅能营造视觉焦点，而且还能支撑起整个空间的气场。如果选择悬挂双联画，则应选择同一系列的画作，不仅有着相似的元素和色调，而且两个画面所表达的主题也十分统一。如果是三联画，则一般会将一张画拆分成三幅，也有将同一个系列融合在一起的，具体可根据客厅空间的整体装饰风格进行选择。

◇ 大面积留白的客厅墙面适合挂大尺寸且画面内容较满的装饰画

◇ 如果客厅墙面搭配双联画，那么两幅画的主题与色彩需要形成统一

-- ◯ --

大幅的装饰画基本上都是用钉子进行上墙固定的，根据装饰画的大小来确定钉子数量，一般的画都是用两颗钉子。如果不想让装饰画破坏墙面，可以利用无痕挂钩来悬挂画框。但需要注意的是无痕挂钩只能悬挂重量较轻的画框，而且时间长了容易变形脱落，因此它更适合短期内的装饰要求。

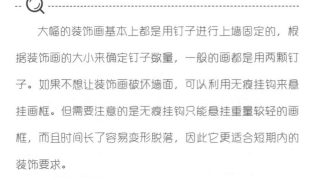

◇ 同一幅画的内容拆分成三联画

二、玄关装饰画搭配方案

　　玄关宜选择精致小巧、画面简约的装饰画，可选择格调高雅的抽象画或静物、插花等内容题材。此外，也可以选择一些吉祥意境的装饰画，通常挂1～2幅即可，尽量大方端正，并考虑与周边环境的关系。

　　有时候在玄关柜背后的墙面上搭配一幅装饰画，可以选择非居中位置悬挂。比如玄关柜上的花瓶放在柜体的最右边，那么可以选择在偏左的位置悬挂一幅尺寸较大的画，然后右侧再搭配一个较小的挂件，起到整体平衡作用。

　　玄关、过道等墙面较窄的地方，应选择竖版装饰画，增加空间感和纵深；横版装饰画会有拦腰截断的感觉。如果家具在腰线以下，那么墙面的主体需要选择大尺寸装饰画；如果家具在腰线及以上，选择小尺寸装饰画能起到画龙点睛的作用。

三、过道装饰画搭配方案

　　一般家居空间的过道大多属于狭长形，空白的墙面总显得过于单调和沉闷，因此需要为其搭配软装元素。错落有致的装饰画非常适合过道装饰，搭配统一的画框修饰，能让空间显得更加完整。如果过道空间较为狭小，墙面采用较小的装饰画会更为灵活、轻巧。如果过道空间较大，则可以采用大画幅的艺术画装饰，不仅能够充当墙纸的作用，还能带来强烈的视觉冲击感，并让过道更具艺术气质。

◇ 色彩醒目的装饰画可形成玄关处的视觉中心，但要注意与其他空间色彩的协调

◇ 玄关处适合选择格调高雅的抽象画或静物、插花等题材的装饰画

◇ 错落有致的黑白装饰画打破过道墙面的单调感，注意整体尺寸不宜超过柜子的宽度

四、餐厅装饰画搭配方案

　　餐厅装饰画在色彩与内容上都要符合用餐人的心情，通常橘色、橙黄色等明亮色彩能让人身心愉悦，增加食欲。餐厅挂蔬果画是一种不错的选择，例如白菜、茄子、西红柿等，画面温馨、自然，同时又寓意丰富。此外，花卉和色块组合为主题的抽象画挂在餐厅中也是现在比较流行的一种搭配手法。如果餐厅与客厅一体相通时，装饰画最好能与客厅配画相协调。餐厅装饰画的尺寸一般不宜太大，以 60 cm×60 cm、60 cm×90 cm 为宜，采用双数组合符合视觉审美规律。挂画时要根据就餐者的视野范围做适当的调整，如果是单一大画，画框与家具的最佳距离为 8~16 cm。

◇ 餐厅中的装饰画要挂得低一点，因为就餐者的视平线会降低

　　餐厅装饰画选择横挂或竖挂需根据墙面尺寸或餐桌摆放方向。如果墙面较宽、餐厅面积大，可以用横挂画的方式装饰墙面；如果墙面较窄，餐桌又是竖着摆放，装饰画可以竖向排列，减少拥挤感。

◇ 窄的餐厅墙面适合竖向挂画的方式

五、卧室装饰画搭配方案

　　卧室装饰画数量过多会让人眼花缭乱，精心挑选一两幅即可，这样显得温馨。除了婚纱照或艺术照，人体油画、花卉画和抽象画也是不错的选择。在悬挂时，装饰画底边离床头靠背上方 15~30 cm 处或顶边离顶部 30~40 cm 为宜。

◇ 卧室床头墙上的装饰画尺寸宜小于床背的宽度，这样在视觉上显得更为协调

六、儿童房装饰画搭配方案

儿童房装饰画的颜色选择上多鲜艳活泼，温暖而有安全感，题材可选择健康生动的卡通、动物、动漫及儿童自己的涂鸦等，以乐观向上为原则，能够给孩子带来艺术的启蒙及感性的培养，并且营造出轻松欢快的氛围。

◇ 儿童房装饰画的题材以卡通、动物、动漫及儿童自己的涂鸦为主

儿童房的装饰应适可而止，注意协调，以免太多的图案造成视觉上的混乱，不利于身心健康。儿童房的空间一般都比较小，所以选择小幅的装饰画做点缀比较好，太大的装饰画会破坏童真的趣味。另外，注意在儿童房中最好不要选择抽象类的后现代装饰画。

七、楼梯装饰画搭配方案

楼梯间的装饰画不仅有美化空间的作用，还能改变人的视线，从而提醒人空间的转换。一般适宜选择色调鲜艳、轻松明快的装饰画，以组合画的形式根据楼梯的形状错落排列，也可以选择自己的照片或喜欢的画报打造一面个性的照片墙。复式住宅或别墅的楼梯拐角宜选用较大幅面的人物、花卉题材画作。

◇ 题材诙谐的装饰画给房间增添轻松欢快的气氛

◇ 楼梯间错落排列的组合画具有引导视线的作用

八、厨房装饰画搭配方案

厨房装饰画应选择贴近生活的题材，例如小幅的食物油画、餐具抽象画、花卉图等，也可以选择一些具有饮食文化主题的装饰画，会让人感觉生活充满乐趣。通常厨房装饰画应该与整体装饰风格相协调，例如，现代风格的厨房可以搭配个性抽象画，田园风格的厨房则比较适合搭配淡雅清新的花卉图。此外，注意装裱厨房装饰画时一般应选择容易擦洗、不易受潮、不易沾染油烟的材质。

◇ 装饰画宜挂放在远离灶台的位置，料理台上方的墙面就是一个不错的选择

◇ 厨房装饰画应选择玻璃等不易受潮和沾染油烟的材质进行装裱

九、卫浴间装饰画搭配方案

卫浴间的装饰画需要考虑防水防潮的特性，如果干湿分区，那么可以在湿区挂装裱好的装饰画，干区建议使用无框画，像水墨画、油画都不是太适合湿气很多的卫浴间环境。装饰画的色彩应尽量与卫浴间瓷砖的色彩相协调，面积不宜太大，数量也不要太多，点缀即可。画框可以选择铝材、钢材等材质，起到防水的作用。

◇ 坐便器背后是放置装饰画的合适位置，画面可选择令人放松的自然风景或抽象题材

◇ 放在湿区墙面的装饰画应选择经过装裱的类型，防止湿气损坏画面

照片墙搭配重点

一、照片选择

并不是任何照片都适合上墙的，还得考虑主题内容是否和其他照片保持一致，主体颜色是否会打乱空间的搭配。

◎ 如果是居住者自己拍的照片，怕色彩太乱，可以整体用黑白色调，或者找个时间拍组统一色调的照片。

◎ 如果是杂志的内页，可把喜欢的图片小心裁剪下来装框，最好是同一期的杂志，色调不容易混乱。

◎ 如果是个人的画作，注意画的类型保持一致，不能素描、水彩混合搭配，推荐采用简笔画。

◎ 除了电影、音乐或明星海报以外，还可以购买一些插画师、摄影师、艺术家的作品。

◇ 将所有的家庭记忆都挂在墙上，制作出一份只属于自己的独家记忆

◇ 黑白照片墙通常是最稳妥的选择，并且适合多种风格的空间

◇ 虽然照片墙内容看似杂乱无章，但统一的色调同样可以表现出画面的和谐感

二、相框选择

　　相框的颜色能提升作品的艺术性，在实际选择中，建议避免相框颜色和照片的主色相同。如果无法避免相同的话，那就用白纸先框住照片，再挂上相框，使照片和相框之间留白。通常过宽的框会让艺术作品看起来太过沉重，尤其是应用在客厅的照片墙，让人看了会有些压抑。而细窄的边框反倒适合不同类型的照片，无论是艺术作品还是普通的生活照、海报等都适用。相框材料应和周围环境保持一致，如果是在厨房里，金属框最为合适；如果是在中式风格的空间里，木框比较合适。

◇ 细边的相框显得简洁利落，适合不同类型的照片

◇ 如果上方有射灯，则黑色、褐色等深色类的相框能更好地衬托出画面

　　白色的墙面上，相框的组合颜色不要超过三种，常以黑色、白色、胡桃色为主。对于有射灯的墙面，建议选用深色的相框，如黑色、红木色、褐色、胡桃色等。

三、尺寸设置

一般情况下,照片墙的大小最多只能占据2/3的墙面空间,否则会给人压抑的感觉。如果是平面组合,相框之间的间距以 5 cm 最佳,太远会破坏整体感,太近会显得拥挤。宽度 2 m 左右的墙面,通常比较适合 6~8 框的组合样式,太多会显得拥挤,太少难以形成焦点。墙面宽度在 3 m 左右,那么建议考虑 8 框以上到 16 框的组合。

相框规格	可放照片尺寸	卡纸尺寸
5 英寸	8.8 cm × 12.8 cm	无卡纸
6 英寸	10 cm × 15 cm	无卡纸
7 英寸	12.8 cm × 17.8 cm	8.8 cm × 12.8 cm,5 英寸
8 英寸	15 cm × 20 cm	10 cm × 15 cm,6 英寸
10 英寸	20.3 cm × 25.3 cm	15 cm × 20 cm,8 英寸
12 英寸	25.4 cm × 30.5 cm	20.3 cm × 25.3 cm,10 英寸
A4	21 cm × 29.7 cm	15 cm × 20 cm,8 英寸

注:1 英寸约为 2.54 cm

四、风格类型

类型	图示	特点
北欧风格照片墙		相框往往采用木材制作,和质朴天然的北欧风格达到协调统一
美式乡村风格照片墙		做旧的木质相框更能表现出复古自然的格调,也可以采用挂件工艺品与相框混搭组合布置的手法
现代风格照片墙		相框在色彩选择上可以更加大胆,组合方式上也可以更个性化,比如心形或菱形等特殊形状
欧式风格照片墙		可以选择质感奢华的金色相框或者雕花相框,并选择尽量规整的排列组合形式,以免破坏华丽典雅的整体氛围

照片墙安装制作

一、六类安装方式

打造照片墙之前要先量好墙面的尺寸大小与组合方式，这样才能够分配好不同照片的分布，以及裁剪每张照片的大小。如果选择对称的组合样式，那么就将相同尺寸的照片分成两组，以便安装时能分清楚。

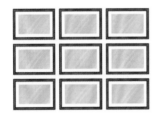

2~3张同样大小的照片并列摆放，就完成了一个完整的画面。如果照片多，可以摆成六宫格、九宫格的样式，这种最直白的设计样式也会有很震撼的效果。

这种方案的中心点是两个相框，所以设计的难度会略大。此外，照片与照片间的距离各有不同，但遵守中心对称摆放。布置时，从中间两张照片开始摆起，然后逆时针摆完其他照片。

设计时以1~2张图作为中心，上和下两边的照片对称，左和右两边的照片对称即可。这种方案称为轴对称法，特点是外边缘呈规则的矩形，且相框形状和数量不用一致。

这种方案需要先制作出不同照片的大小，再摆出心形的框架，最后填充内部。因为大部分动物都呈对称图形，所以可发挥想象力，设计出蝴蝶或其他动物的样式。

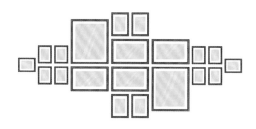

这种方案完美表现出对称美学，如同倒映在水中的建筑物一般。在布置时先贴条宽胶带在正中间，然后先摆好胶带上方的照片，再摆放下方的照片，调整完工后撕下胶带即可。

这类方案虽然看似杂乱无章，但很有美感，原因在于它属于中心对称，但正上方的相框和正下方呈不对称。安装时先从两侧对称开始摆起，然后再依次往中间摆。

二、DIY 制作流程

装饰照片墙之前，应准备好相关的照片、装裱照片用的相框、安装相框的挂画工具等。建议在入住后再装饰照片墙，一是节省人工成本，二是避免甲醛污染。

构思样式

应考虑好安放照片的墙面大小和组合方式，这样才能够分配好不同照片的分布，裁剪好每张照片的大小，完成整个照片墙设计。如果想设计成对称的组合样式，那么就将相同尺寸的照片分成两组，以便安装时能分清楚。

安装上墙

将整体形状设计好后，就可以安装照片了。在安装的过程中，建议先将大照片排列进去，如果是对称图形的话，就从中心点摆起，这样有利于拼凑形状。如果相框大而笨重，位置较高，最好是请人安装，可避免出现安全问题。

调整间距

不管是哪种组合样式，都应遵循照片与照片之间的距离保持一致的原则，这样视觉上比较舒服，能达到乱中有序的效果。测量时将尺子放到两张照片中间即可，这是简单而准确的的测量方法。

修正照片

调整距离后，站到远处正视着照片墙，如果有看起来不舒服或者比较碍眼的地方，就可以及时调整照片的摆放方案，但注意需要遮住打孔的位置。

Furnishing

Design

6

第六章

软装饰品
选购、摆场与
搭配法则

软装饰品摆场原则

一、软装饰品材料选择

随着现代工艺的不断发展，可用于制作装饰品的材料也越来越丰富。一般来说，中式风格空间可以搭配木材、瓷器类的软装饰品，而现代风格空间最好选择玻璃、金属、石材等材质的软装饰品。也可以根据装饰要求，在同一种风格空间中，组合搭配多种材质的软装饰品，为室内空间带来更加丰富的装饰效果。

类型	图示	特点
陶瓷饰品		陶瓷饰品大多制作精美，即使是近现代的陶瓷工艺品也具有极高的艺术收藏价值。例如陶瓷鼓凳、将军罐、陶瓷台灯及青花瓷摆件是中式风格软装中的重要组成部分
金属饰品		金属饰品是指用金、银、铜、铁、锡、铝、合金等材料或以金属为主要材料加工而成，风格和造型可以随意定制，例如铁艺鸟笼、组合型的金属烛台、金属座钟等
水晶饰品		水晶饰品的特点是玲珑剔透、造型多姿，如果再配合灯光的运用，会显得更加透明晶莹，大大增强室内感染力，例如水晶烛台、水晶地球仪、水晶台灯等
树脂饰品		树脂可塑性好，可以任意被塑造成动物、人物、卡通等形象，而且在价格上非常具有竞争优势。例如做旧工艺的麋鹿、小鸟、羚羊等动物造型的饰品，可给室内增加乡村自然的氛围
木质饰品		木质饰品具有大小随意、造型多变、便于取材与设计等几个主要特点，一般田园风格的家居比较适合用木本色饰品来烘托，而宫廷风格的家居更适合选用造型独特、做工精致、木质感强的木质饰品

二、软装饰品尺寸确定

在选择软装饰品时，要注意尺寸大小的组合。饰品单独摆放时，需考虑其与周边家具搭配的协调性，过大过小都会影响视觉效果。

沙发背景墙上的装饰，如果只有一幅装饰画，那么装饰画的宽度不能超过沙发的宽度，让视觉效果主次分明。多幅装饰画组合时，其整体宽度也不要超过沙发的宽度，还可以考虑选择不同尺寸大小的装饰画进行组合搭配，营造出更加丰富、更具韵律感的装饰效果。此外，在搭配如花瓶、摆件等其他装饰品时，也应注意尺寸的问题。

三、软装饰品形状与数量配置

软装饰品的形状，也是软装设计时需要考虑的因素之一。如圆形的装饰画适合中式风格，而方形的装饰画更加百搭。相同材质的饰品组合出现时，除了考虑其尺寸的问题，也要注意其形状的对比性，例如陶瓷饰品在摆放时，需要采用大小、高矮、形状不同的组合搭配，才能提升整体的装饰效果。

在面积有限的室内空间中，软装饰品的数量并不是越多越好，同种材质的软装饰品一起出现时，数量最好控制在三个以下。另外，不同的软装饰品在展示也要考虑数量的对比效果。例如空间中已经有数量较多的装饰性摆件，那么在搭配墙面装饰画或照片墙时，就应该减少装饰画或照片墙的数量，甚至只采用一幅大尺寸的装饰面，从而避免软装饰品数量过多而造成的零乱感。

◇ 背景墙上居中悬挂的饰品需考虑与周边家具搭配的协调性

◇ 相同材质的饰品组合出现时应考虑大小或形状的对比性

◇ 摆件数量较多的背景墙面应减少挂件的数量

软装饰品陈设手法

软装饰品可以为家居空间注入更多的文化内涵，增强环境中的意境美感。但是在实际操作中，要淋漓尽致地表现饰品的点缀作用，仅凭经验是不够的，还需要遵循一定的原则。软装饰品陈设手法多种多样，不同的设计师都有自己对软装的理解，采用各自独特的软装陈设手法，但是大多都会遵循相同的美学原理。

一、三角形陈设法

三角形陈设法是以三个视觉中心为饰品的主要位置。形成一个稳定的三角形，具有安定、均衡但不失灵活的特点，是最为常见和效果最好的一种方式。

三角形陈设法主要通过对饰品的体积大小或尺寸高低进行排列组合，最终形成轻重相间及布置有序的三角装饰形状。无论是正三角形还是斜边三角形，即使看上去不太正规也无所谓，只要在摆放时掌握好平衡关系即可。

如果采用三角形陈设法，整个饰品组合应形成错落有致的陈列，其中一个饰品一定要与其他饰品形成落差感，否则无法突出效果。一定要有高点、次高点、低点才能连成一个三角平面，让整体变得丰满且有立体感。

◇ 三角形陈设法的要点是几个饰品之间需形成高低的落差，这样才能形成一个三角形的构图

二、对称平衡法

对称平衡法是把一些软装饰品对称平衡的摆设组合在一起，让它们成为视觉焦点的重要部分。例如，可以把两个样式相同或者差不多的工艺饰品并列摆放，不但可以制造和谐的韵律感，还能给人安静温馨的感觉。

◇ 对称平衡法营造出韵律的美感，在中式风格空间中最为常见

◇ 对称平衡法是将样式相同的饰品匀称布置，实际运用时也可通过饰品的形体、色彩变化打破原有的呆板感

三、适度差异法

适度差异法是指饰品在组合上有一定的内在联系，在形体上要有变化，既对比又协调，物体应有高低、大小、长短、方圆的区别，过分相似的形体放在一起显得单调，但过分悬殊的比例有失协调。

◇ 两个相同材质的花器在形状与大小之间存在适度差异，既对比又协调

◇ 两个陶瓷摆件在材质和色彩上巧妙呼应，同时又在造型上形成微妙的差异

四、亮色点睛法

一些公共空间如客厅等需要摆设一些很重要的视觉集中点，这个点会直接影响整个软装搭配的效果，这时候就需要选择适合的饰品作为点睛之笔，形成视觉的亮点。

◇ 亮色点睛法适合整体硬装偏素雅的空间，而且此类亮色饰品的数量也不宜过多

此外，当整个硬装的色调比较素雅或者比较深沉的时候，在软装上可以考虑用亮一点的颜色来提亮整个空间。例如，硬装和软装是黑白灰的搭配，可以选择一两件色彩比较艳丽的单品来活跃氛围，给人不间断的愉悦感受。

◇ 色彩素雅的中性色空间可采用亮色饰品活跃氛围

五、情景呼应法

好的软装陈设有从不同角度看都和谐美丽的共同点，在选择一些小饰品时若是能考虑到呼应性，那么整个装饰效果会提升很多。例如，在餐厅中选择跟花艺相同的内容能让画作从平面跳脱到立体空间中，并能跟空间陈设呼应紧密，组成新的空间立体画。或者在选择杯子、花瓶、小雕塑时考虑与装饰画比较相似的风格或形状，虽是小细节，却能显示出主人的品位。

◇ 书桌上的鱼造型摆件与挂画图案巧妙形成情景呼应

六、层次分明法

层次分明法是指摆放家居工艺饰品时要遵循前小后大、层次分明的法则，把小件的饰品放在前排，这样一眼看去能突出每个饰品的特色，在视觉上就会感觉很舒服。

◇ 前小后大的排列方式显得层次分明且整体和谐

软装饰品摆场内容

一、摆件

　　软装摆件就是平常用来布置家居的装饰摆设品，如瓷器、假书、餐桌摆饰、各种玻璃与树脂饰品等。室内空间中摆放上一些精致的摆件，不仅可以充分地展现出居住者的品位和格调，还可以提升空间的格调，但需要注意选择搭配的要点。通常同一个空间中的软装摆件数量不宜过多，摆设时注意构图原则，避免在视觉上形成一些不协调的感觉。

　　如果想让室内空间看起来比较有整体性，在进行摆件的搭配时就要和室内风格进行融合，例如在简约风格空间中使用一些比较简洁精致的摆件。通常选择与室内风格一致，而颜色又形成一些对比的摆件，搭配出来的效果会比较好。

树脂抽象鎏金马摆件
约 350 元 / 组

树脂雕花烛台摆件（5 个一组）
约 600 元 / 组

粗陶花瓶摆件
约 300 元 / 个

陶瓷醒狮摆件（大号）
约 360 元 / 个

功能空间	图示	搭配重点
客厅摆件		现代简约风格客厅应尽量挑选一些造型简洁的高纯度饱和色的摆件；乡村风格客厅经常摆设仿古做旧的工艺饰品，如表面做旧的铁艺座钟、仿旧的陶瓷摆件等；新中式风格客厅中，鼓凳、将军罐、鸟笼及一些实木摆件能增加空间的中式韵味
餐厅摆件		餐厅摆件的主要功能是烘托就餐氛围，餐桌、餐边柜甚至墙面搁板上都是摆设饰品的好去处。花器、烛台、仿真盆栽及一些创意铁艺小酒架等都是不错的搭配
卧室摆件		卧室需要营造一个轻松温暖的休息环境，装饰简洁和谐比较有利于人的睡眠，所以饰品不宜过多，除了花艺，点缀一些首饰盒、小工艺品摆件就能让空间提升氛围。也可在床头柜上放一组照片配合花艺、台灯，能让卧室倍添温馨
书房摆件		书房摆件的颜色不宜太亮，造型避免太怪异，以免给进入该区域的人造成压抑感。现代风格书房在选择软装工艺品摆件时，要求少而精，适当搭配灯光效果更佳；新古典风格书房中可以选择金属书挡、不锈钢烛台等摆件
厨房摆件		厨房摆件要考虑在美观基础上的清洁问题，还要尽量考虑防火和防潮，玻璃、陶瓷一类的工艺品摆件是首选，容易生锈的金属类摆件尽量少选。此外，厨房中许多形状不一、采用草编或是木制的小垫子，如果设计得好，也会是很好的装饰物
卫浴间摆件		卫浴间通常选择陶瓷和树脂材质的工艺品摆件，这类装饰品即使颜色再鲜艳，在卫浴间也不会因为受潮而褪色变形，而且清洁起来也很方便。除了一些装饰性的花器、梳妆镜之外，比较常见的是洗漱套件

二、插花

插花不但可以丰富装饰效果，同时作为家居空间氛围的调节剂，也是一种不错的软装选择。有的插花代表高贵，有的插花代表热情，不同的插花能创造出不同的空间情调。在居住空间中搭配插花虽然看似简单，但其实也是一门值得探究的软装艺术。此外，在一个成功的插花创作中，花材与花器融为一体，能制造出更完整的效果。花器与花材间应该在大小、外形、色彩、材质上能和谐搭配。

装饰风格	图示	插花搭配
中式风格插花		中式风格插花讲究形似自然，不能有明显的人工痕迹，花材往往取用身边随手可得的材料，路边的野花野草、枯树枝等，焕发出新的魅力。中式插花一般由三根枝条构成，其中主枝最粗、最短，主枝上的花朵是最大的
日式风格插花		日式风格插花以花材用量少、选材简洁为特点。虽然花艺造型简单，却表现出了无穷的魅力。就像中国的水墨画一样，能用寥寥数笔勾勒出精髓，可见其功底。在花器的选择上以简单古朴的陶器为主，其气质与日式风格自然简约的空间特点相得益彰
乡村风格插花		乡村风格在美学上崇尚自然美感，凸显朴实风味，插花和花器的选择也应遵循自然朴素的原则。花器不要选择形态过于复杂和精致的造型，花材也多以小雏菊、薰衣草等小型花为主。不需要造型，随意插摆即可
欧式风格插花		欧式风格插花具有西方艺术的特色，不讲究花材个体的线条美和姿态美，只强调整体的艺术效果。在花材和色彩的选择上，欧式插花通常风格热烈、简明，会用到大量不同色彩和质感的花组合，整体显得繁盛、热闹
现代风格插花		现代风格家居一般选择造型简洁、体量较小的插花作为点缀，插花数量不能过多，一个空间最多两处。花器造型上以线条简单或几何形状的纯色为佳，白绿色的花艺或纯绿植与简洁干练的空间是最佳搭配

装饰风格	图示	花器搭配
现代风格 花器		现代风格空间可考虑线条简洁、颜色相对纯粹与透明、造型奇异的花瓶。花器的材质包括玻璃、金属和陶瓷等
北欧风格 花器		北欧风格花器通常是玻璃或陶瓷材质，偶尔会出现金属材质或者木质的花器。花器的造型基本呈几何形体，如立方体、圆柱体、倒圆锥体或者不规则体
美式风格 花器		美式风格花器常以陶瓷材质为主，工艺大多是冰裂釉和釉下彩，带有浮雕花纹、黑白建筑图案等。此外也会出现一些做旧的铁艺花器、晶莹的玻璃花器及藤质花器等
工业风格 花器		工业风格空间经常利用化学试瓶、化学试管、陶瓷罐或者玻璃瓶作为花器。因为偏爱树形高大的宽叶植物，所以与之搭配的是金属材质的圆形或长方柱形的花器
中式风格 花器		中式风格花器选择要符合东方审美，一般多用造型简洁、中式元素和现代工艺结合的花器。除了青花瓷、彩绘陶瓷花器之外，也可选择粗陶花器营造意境氛围
欧式风格 花器		欧式风格带有明显的奢华与文化气质，可以考虑选择带有复古欧洲时期气息的花器，如复古双耳花瓶、复古单把花瓶、高脚杯花器等

三、装饰镜

装饰镜是墙面装饰中非常重要的一种艺术表现形式，自古以来就有"以铜为镜，可以正衣冠"之说，但很多人对装饰镜用途的认识还停留在它最原始的功能基础上，其实在家居空间中，不同的造型和边框材质的装饰镜也有其独特的装饰作用。

极简镶边的装饰镜通常和细腿家具形成完美的呼应；鎏金的装饰镜很适合和油画摆在一起，压住色彩，提升气场；有着古朴花纹的古董镜装饰性强，细心雕琢的镜框将整个空间都映射出来；复古风格的镜框能够营造浓郁的怀旧风情。装饰镜还可以像装饰画一样组合拼贴，打造类似照片墙的装饰感。例如，把一些边角经过圆润化处理的小块镜面组合拼贴在墙面上，通过简单的排列传递出不同的装饰效果，富于变化的造型带来更加丰富的空间感觉。

◇ 鎏金的装饰镜适合搭配油画，表现出空间的华贵感

◇ 卫浴间的装饰镜背后安装灯带，营造一种悬浮的视觉感

◇ 把多幅装饰镜拼贴在壁炉上方，营造多重视觉感

◇ 极简镶边的装饰镜适合搭配细腿家具

一般来说，装饰镜的最小宽度应至少为 0.5 m，大型的装饰镜可以是 1.7~1.9 m。当装饰镜作为装饰物体和焦点时，应该挂在地面以上 1.6~1.65 m 处。小装饰镜或一组小装饰镜中心应处于眼睛水平的高度，太高或者太低都可能影响日常的使用。

铁框、皮质及各种自然材质的装饰镜框，圆形、方形、多边形等多变的表现形式，融合着不同的风格，丰富了装饰镜的艺术形象。而镜面的材料也由玻璃镀银等代替了金、银、水晶、青铜等。装饰镜主要分为有框镜和无框镜两种类型，其中无框镜更适合现代简约的装饰风格。

造型	图示	特点
圆形装饰镜		有正圆形与椭圆形两种。圆形镜相对于方形镜来说，视野稍小，但是圆形镜最大的特点就是因其造型圆润带来的艺术感。而且圆形镜的造型看似简单，但形状是比较难打磨出来的
方形装饰镜		以正方形或长方形居多。特点是简单实用，覆盖面较广。竖向的长方形装饰镜照到人体的面积较多，比较方便居住者观察自己的形象
多边形装饰镜		多边形装饰镜棱角分明，线条不失美观，整体风格较为简约现代，是除方形镜外不错的选择。有的多边形装饰镜带有金属镶边，增添了一些奢华感
曲线形装饰镜		边缘线条呈曲线状，造型活泼，风格独特，适合年轻活泼的家居风格，曲线镜可大可小，通常由多片镜子组成造型的使用效果更佳

功能空间	图示	特点
客厅装饰镜		在欧式风格的客厅空间中，常常会在壁炉的上方，或者沙发背景墙上悬挂华丽的装饰镜，以提升空间的古典气质。而一些客厅比较狭长的户型，在侧面的墙上挂装饰镜，可以在视觉上起到横向扩容的效果，让空间显得更为宽敞
餐厅装饰镜		由于装饰镜可以照射到餐桌上的食物，能够刺激用餐者的味觉神经，让人食欲大增，因此是非常适用于餐厅空间的装饰元素。装饰镜一般悬挂在较为显眼空阔的区域即可。如果餐厅中布置了餐边柜，也可将装饰镜悬挂在餐边柜的上方
卧室装饰镜		卧室中的装饰镜除了可以用作穿衣镜，还能起到放大空间的作用，从而化解狭小卧室的压迫感。还可以在卧室的墙面上设计一组小型装饰镜，既有扩大空间的效果，又能使卧室的装饰更具个性，让人眼前一亮
过道装饰镜		在过道的一侧墙面上安装大面装饰镜，既显美观，又可以提升空间感与明亮度，最重要的是能缓解狭长形过道带给人的不适与局促感。需要注意的是，过道中的装饰镜宜选择大面积的造型，横竖均可，面积太小的装饰镜起不到扩大空间的效果
卫浴间装饰镜		装饰镜不仅可以在视觉上延展卫浴空间，同时也会让光线不好的卫浴间的明亮度倍增。卫浴间中的装饰镜通常安装在盥洗台的上方，美化环境的同时，还方便整理仪容

四、装饰挂盘

挂盘的主题风格多种多样，如清新淡雅、活泼俏皮、简洁明艳、复古典雅、华丽繁复、个性前卫，还有浓郁民族风等，具体就要结合自家家居的特色加以选择，最终相互映衬、相得益彰。

类型	图示	特点
纯色挂盘		简单素雅的纯色挂盘不仅有白色，还有多种丰富的颜色可供选择，其中形状和大小的搭配也是值得注意的要素
青花挂盘		青花挂盘更有年代感和文化韵味，仿佛能够感受到中国瓷器的兴盛，同时又能打破传统技艺，添加新的富有生命力的内容
炫彩挂盘		炫彩挂盘顾名思义就是颜色和图案比较大胆，类似于妆容上的"浓妆艳抹"，特别适合年轻居住者的墙面装饰，富有活力
DIY 手绘挂盘		想拥有自己喜欢的盘子，但又找不到合适的颜色，可以用手绘的方式自己动手操作。作画的工具可以是马克笔，也可以是丙烯颜料，这些工具在一般的文具店都可以买到

装饰挂盘的组合可以多样化，其摆放的空间也可以很灵活，不拘一格。除了可以悬挂在大白墙上，橱窗、层架、玄关、窗沿、门框等位置都可以尝试用挂盘装饰，制造出令人眼前一亮的视觉效果。挂盘一般都是以组合的形式出现，盘子的大小、材质、形状可以不同，但挂盘里的盘饰图案要形成一个统一的主题，或者形成统一的风格、气质，避免杂乱无章，破坏整体的画面感与表现力。排布方式可以随性无规律，也可以带点渐变，或者创造出自己的样式。

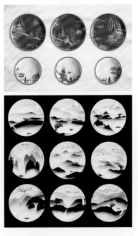

◇ 组合形式出现的装饰挂盘，盘饰图案要形成统一的主题

178

挂盘上墙一般分为规则排列和不规则排列两种装饰手法。当挂盘数量多、形状不一、内容各异时，可以选择不规则排列方式。建议先在平地上设计挂盘的悬挂位置和整体形状，再将其贴到墙面上。当挂盘数量不多、形状相同时，适合采用规则排列的手法。

◇ 装饰挂盘不规则排列

◇ 装饰挂盘规则排列

对于比较轻的挂盘，可在其背面粘上海绵胶，再在盘底四周打上玻璃胶，就可以将挂盘贴在墙上，这种方法不会损坏墙面。如果是较重的盘子，则最好在盘子下方加钉两个钉子进行固定，但这样会在一定程度上减弱美观性。除了本身自带挂钩的挂盘，还可以用铁线自制挂钩。将铁线做成钩形，将挂盘上下卡紧固定，再挂于墙面即可。此外，还可以在墙面钉上两三层搁板，将挂盘摆放在搁板上，只要搭配得当，同样能有美观的装饰效果。

装饰挂盘安装示意图

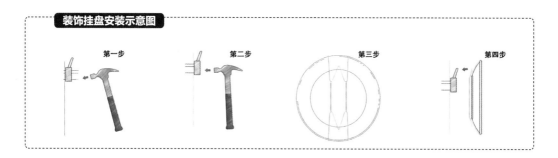

第一步　　　　　第二步　　　　　　第三步　　　　　　第四步

软装饰品风格搭配

一、轻奢风格

　　轻奢空间所搭配的摆件往往会呈现强烈的装饰性，并且善于灵活的运用重复、对称、渐变等美学法则，使几何元素融合于摆件中，搭配空间里的其他元素，使整体富有装饰性。例如采用金属、水晶及其他新材料制造的工艺品、纪念品与家具表面的丝绒、皮革一起营造出华丽典雅的空间氛围。

　　金属是工业化社会的产物，同时也是体现轻奢风格特色最有力的手段之一。一些金色的金属壁饰搭配同色调的软装元素，可以营造出气质独特的轻奢氛围。需要注意的是，在使用的金属壁饰来装饰墙面的时候，应添加适量的丝绒、皮草等软性饰品来调和金属的冷硬感。在烘托轻奢空间时尚气息的同时，还能起到平衡家居氛围的作用。

◇ 以黄铜摆件作为餐桌的中心装饰物

◇ 抽象人面摆件

◇ 水晶摆件

◇ 黄铜壁饰

二、北欧风格

北欧风格秉承着以少见多的理念，选择精妙的饰品加上合理的摆设，将现代时尚设计思想与传统北欧文化相结合。既强调了实用性，又饱含人文情怀，使室内环境产生富有北欧风情的氛围。北欧风格质朴天然，自然清新，饰品相对比较少，大多数时候以植物盆栽、相框、蜡烛、玻璃瓶、线条清爽的雕塑进行装饰。此外，围绕蜡烛设计的各种烛灯、烛杯、烛盘、烛托和烛台也是北欧风格的一大特色，给寒冷的北欧空间带来一丝温暖。

麋鹿头墙饰一直都是北欧风格软装饰品的经典代表，凡是北欧风格的家空间里，大多选择一个麋鹿头造型的饰品作为壁饰。鹿头多以铜、铁等金属或木质、树脂为材料。挂盘也能表现简洁、自然、人性化的特点，可以选择干净的白底，搭配海蓝鱼元素，清新纯净；也可将麋鹿图样的组合挂盘，挂置于沙发背景墙上，为家增添一股迷人的神秘色彩。

◇ 麋鹿头壁饰

◇ 木质摆件

◇ 烛台

◇ 玻璃器皿

三、工业风格

工业材料经过再设计打造出的饰品，是突出工业风格装饰艺术的关键。选用极简风的金属饰品、具有强烈视觉冲击力的油画作品，或者现代感的雕塑模型作为装饰，也会极大地提升整体空间的品质感。这些小饰品虽然体积不大，但如果搭配得好，不仅能突出工业风的粗犷感，而且能彰显独特的艺术品位。

工业风格的室内空间无需陈设各种奢华的摆件，越贴近自然和结构原始的状态，越能展现该风格的特点。装饰摆件通常采用灰色调，用色不宜艳丽，常见的摆件包括旧电风扇、旧电话机或旧收音机、木质或铁皮制作的相框、放在托盘内的酒杯和酒壶、玻璃烛杯、老式汽车或者双翼飞机模型。此外，超大尺寸的做旧铁艺挂钟、带金属边框的挂镜或者将一些类似旧机器零件的黑色齿轮挂在沙发墙上，也能感受到浓郁的工业气息。

◇ 具有强烈视觉冲击感的装饰画

◇ 工业机械零件的装饰挂件

◇ 铁艺挂钟

◇ 老旧物件装饰

四、法式风格

　　传统法式风格端庄典雅，高贵华丽，摆件通常选择精美繁复、高贵奢华的镀金镀银器或描有繁复花纹的描金瓷器，大多带有复古的宫廷尊贵感，以符合整个空间典雅富丽的格调。烛台与蜡烛的搭配也是法式家居中非常点睛的装饰。精致的烛台可以增添家居生活的情趣，利用其曼妙造型和柔和的烛光，烘托出法式风格雅致的品位。法式风格中通常用组合型的金属烛台搭配丰富的花艺，并以精美的油画作为背景，营造高贵典雅的氛围。而具有乡村风情的法式田园风格的常见摆件有古董器皿、编织篮筐、陶瓷雄鸡塑像及古色古香的烛台等。

　　法式新古典风格的墙饰常见的有挂镜、壁烛台、挂钟等。其中挂镜一般以长方形为主，有时也呈现出椭圆形，其顶端往往布满浮雕，并饰以打结式的丝带。木质挂钟是新古典风格空间常见的挂件装饰，挂钟以实木或树脂为主，实木挂钟稳重大方，而树脂材料更容易表现一些造型复杂的雕花线条。

　　法式田园风格的挂件表面一般都显露出岁月的痕迹，如壁毯、挂镜、挂钟等，其中尺寸夸张的铁艺挂钟往往成为空间的视觉焦点。

◇ 木质挂钟

◇ 组合型金属烛台

◇ 金属底座瓷器

◇ 雕花金属边框装饰镜

五、美式风格

美式风格的室内空间，偏爱带有怀旧倾向及富有历史感的饰品，例如地球仪、旧书籍、做旧雕花实木盒、表面略显斑驳的陶瓷器皿、动物造型的金属或树脂雕像等。在强调实用性的同时，非常重视装饰效果。除了一些做旧工艺的摆件之外，其墙面通常会用挂画、挂钟、挂盘、镜子和壁灯进行装饰，而且挂画的方式受到了欧洲理性建筑思维的影响，会采用比较严谨的对齐中线的挂置方式。

壁炉是美式风格客厅必不可少的元素，而合理巧妙地搭配一些小摆件可以给壁炉增色不少。壁炉周围的大型装饰要尽量简单，如油画、镜子等要精而少。而壁炉上放置的花瓶、蜡烛、小的相框等小物件则可适当的多而繁杂。此外，壁炉旁边也可适当加些落地摆件，如果盘、花瓶等，不升火时放置木柴等都能营造温暖的氛围。

◇ 艺术挂盘

◇ 麋鹿造型摆件

◇ 仿古艺术品摆件

◇ 做旧工艺地球仪

◇ 公鸡图案餐盘

六、新中式风格

瓷器在中国古代就已是家居饰品的重要元素，其装饰性不言而喻。摆上几件瓷器装饰品可以给新中式风格的家居环境增添几分古典韵味，将中华文化的风韵洋溢于整个空间，例如将军罐、陶瓷台灯及青花瓷摆件等都是新中式风格软装中的重要组成部分。此外，寓意吉祥的动物如狮子、貔貅、小鸟、骏马等造型的瓷器摆件也是软装布置中的点睛之笔。在摆设时应注意构图原则，避免在视觉上形成一些不协调的感觉。

鸟笼摆件是新中式风格中不可或缺的装饰元素，能为室内空间营造出自然亲切的氛围。此外，鸟笼的金属质感和光泽在呈现中式风格特色的同时，也为室内环境带来了现代时尚的气息。目前市面上的鸟笼大致可分为铜质和铁质，铜质的比较昂贵，而铁质的容易生锈，因此可以在制作过程中进行镀锌处理。

除了常见的装饰摆件，案头的文房四宝、古书、折扇及中式乐器等，都是体现中国古典文化内涵的不二选择。还可以将香具摆件运用到新中式空间中，让中国的传统文人气质，浑然天成地融入居住环境里。

新中式风格的墙面常搭配荷叶、金鱼、牡丹等具有吉祥寓意的挂件。此外，扇子是古时候文人墨客的一种身份象征，为其配上长长的流苏和玉佩，也是装饰中式墙面的极佳选择。

◇ 太湖石摆件

◇ 青花瓷、粉彩等传统造型瓷器陶器摆件

◇ 木质古建模型摆件

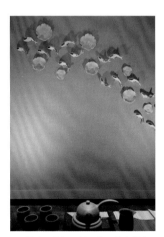

◇ 荷叶、金鱼、牡丹等具有吉祥寓意的壁饰

七、现代简约风格

现代简约风格中的饰品元素，普遍采用极简的外观造型、素雅单一的色调和经济环保的材料。

尽量挑选一些造型简洁、高纯度色彩的摆件。数量上不宜太多，否则会显得过于杂乱。多采用以金属、玻璃或者瓷器材质为主的现代风格工艺品。此外，一些线条简单、造型独特甚至极富创意和个性的摆件都可以成为简约风格空间中的一部分。

现代简约风格的墙面多以浅色、单色为主，容易显得单调而缺乏生气，也因此具有很大的可装饰空间。挂钟、挂镜和照片墙等装饰，是其墙面最为普遍的装饰元素。现代简约风格的挂钟外框以不锈钢居多，钟面色系纯粹，指针造型简洁大气；挂镜不但具有视觉延伸作用，增加空间感，也可以凸显时尚气息；照片墙不仅有着良好的视觉感，而且还能让现代简约风格的家居空间变得十分温馨。

◇ 镜面材质壁饰

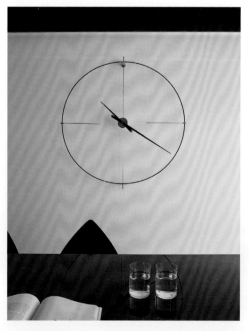

◇ 极简造型挂钟

◇ 玻璃器皿

软装饰品空间应用

一、客厅软装饰品

客厅的壁炉台面上可放置一些其他情景类的饰品组合，例如古典的雕塑、蜡烛和烛台，这样可以让整个壁炉看起来更加饱满。在壁炉后的墙面上挂一个铜制的挂镜，也是一个比较有代表性的做法，还可以在镜子前放置一幅尺寸较小的装饰画，不仅可以增强色彩冲击力，还可以减轻镜子的光线反射，给人一种视觉舒适的效果。

客厅茶几上的饰品需要摆放有序，把高低不同的物品安插摆放，形成错落有致的感觉，创造一个富有层次感的画面。除了茶几之外，边几小巧灵活，其目的在于方便日常放置经常流动的小物件，如台灯、书籍、咖啡杯等，这些日常用品可作为软装设计的一部分，然后再配合增添一些小盆栽或精美工艺品，就能营造一个自然娴雅的小空间。

◇ 客厅的角几适合摆设台灯、书籍及一些体量较小的工艺饰品

◇ 古典造型的装饰镜与手绘描金瓷器让法式风格的壁炉区域显得十分饱满

二、玄关软装饰品

玄关区域的软装饰品宜简、宜精，一两个高低错落摆放，形成三角构图最显别致巧妙。

如果是没有任何柜体的玄关台，台面上可以陈设两个较高的台灯搭配一件低矮的花艺，形成两边高中间低的效果。也可以直接用一盆整体形状呈散开形的花艺或者是一个横向长形的饰品去进行陈设。如果觉得摆设的花艺不够丰满，还可以在旁边再加上烛台或台灯。

由于某些家具的特殊性，例如有的玄关柜的柜体下层带有隔板，一般会选择在隔板上摆放一些规整的书籍或精致储物盒作为装饰。有盒子的情况下还可在边上放一些具有情景画效果的软装饰品。这里所用到的书籍和装饰品具有很强的实体性。在旁边还可以搭配一个铁环制品，这类饰品可以很好地起到一个虚化作用。在台面上，可以在隔板虚化掉的这一边放上陶瓷器皿及花瓶，然后再加上植物进行点缀。这样就可以达到虚实结合的效果。

◇ 寓意吉祥的饰品可提升空间的格调，且其高纯度的色彩具有很好的点睛作用

◇ 如果玄关柜的柜体下层带有隔板，可在上面摆放一些规整的书籍或精致储物盒作为装饰

◇ 装饰型的玄关可选择以一个体积较大的摆件作为中心装饰，形成视觉焦点

三、餐厅软装饰品

餐厅软装饰品的主要功能是烘托就餐氛围，餐桌、餐边柜甚至墙面搁板上都是摆设饰品的好去处。桌旗、花器、烛台、餐巾环、仿真盆栽及一些创意铁艺小酒架等都是不错的搭配。烛台应根据所选餐具的花纹、材质进行选择，一般同质同款的款式比较保险；桌旗是餐厅的重要装饰物，对于营造氛围起到很大的作用，色彩建议与餐椅互补或近似；小小的餐巾环能彰显餐桌的精致感，材质、花样、造型能与其他软装饰品呼应的被视为最佳选择，例如与银器上的纹理呼应，与烛台造型呼应，与餐巾的颜色呼应等。

餐厅如果是开放式空间，应该注意软装配饰在空间上的连贯，在色彩与材质上的呼应，并协调局部空间的气氛。例如餐具的材料如果是带金色的，在工艺品挂件中加入同样的色彩，有利于空间氛围的营造与视觉感的流畅，使整个空间显得更加和谐。

类型	图示	特点
中式风格餐桌摆饰		中式风格餐桌摆饰在餐巾环或餐垫上体现一些带有中式韵味的吉祥纹样，一些质感厚重粗糙的餐具可能会使就餐意境变得古朴自然、清新稳重。此外，中式餐桌上常用带流苏的玉佩作为餐盘装饰
轻奢风格餐桌摆饰		轻奢风格的餐桌摆饰主要以呈现精致轻奢的品质为主，往往呈现出强烈的视觉效果和简洁的形式美感。餐桌的中心装饰可以是以黄铜材质制作的金属器皿或玻璃器皿
法式风格餐桌摆饰		法式风格的餐具在选择上以颜色清新、淡雅为佳，印花要精细考究，最好搭配同色系的餐巾，颜色不宜出挑繁杂。银质装饰物可以作为餐桌上的搭配，如花器、烛台和餐巾环等，但体积不能过大，宜小巧精致
北欧风格餐桌摆饰		北欧风格偏爱天然材料，原木色的餐桌、木质餐具能够恰到好处地体现这一特点。几何图案的桌旗是北欧风格的不二选择。除了木材，还可以点缀以线条简洁、色彩柔和的玻璃器皿，以保留材料的原始质感为佳

四、卧室软装饰品

卧室需要营造一个轻松温暖的休息环境，色调不宜太重、太多，光线亦不能太亮，以营造一个温馨轻松的居室氛围，所以饰品不宜过多。除了装饰画、花艺，点缀一些首饰盒、小摆件就能让空间提升氛围。也可在床头柜上放一组照片配合花艺、台灯，让卧室倍添温馨。

卧室墙面的挂件应选择图案简单、颜色沉稳内敛的类型，给人以宁静和缓的心情，有利于睡眠质量。别致的树枝造型的挂件有多种材质，例如陶瓷加铁艺、纯铜加镜面，都是装饰背景墙的上佳选择，相对于挂画更加新颖、富有创意，给人耳目一新的视觉体验。在中式风格的卧室中，圆形的扇子饰品配上长长的流苏和玉佩，是装饰床头墙的最佳选择。

儿童房的装饰要考虑到空间的安全性，以及对身心健康的影响，通常避免大量的装饰，不用玻璃等易碎品或易划伤的金属类饰品，墙面上可以是儿童喜欢的或引发想象力的装饰，如儿童玩具、动漫童话挂件、小动物或小昆虫挂件、树木造型挂件等，也可以根据儿童的性别选择不同格调的工艺品挂件，鼓励儿童多思考、多接触自然。

◇ 富有趣味性的工艺饰品是儿童房的首选

◇ 卧室床头柜上的工艺品摆件同样需要遵循一定的陈设美学原则

◇ 卧室五斗柜上的饰品较多采用三角形构图陈设的手法

◇ 色彩丰富的挂盘体现活泼童趣的主题

五、书房软装饰品

书房需要营造安静的氛围，所以软装饰品的颜色不宜太过跳跃，造型避免太怪异，以免给进入该区域的人造成压抑感。现代风格书房在选择软装饰品时，要求少而精，适当搭配灯光效果更佳；新古典风格书房中可以选择金属书挡、不锈钢烛台等摆件；中式风格的书桌上常有不可或缺的文房四宝、笔架、镇纸、书挡和中式造型的台灯。

书房同时也是一个收藏区域，软装饰品以收藏品为主也是一个不错的选择。具体可以选择有文化内涵或贵重的收藏品作为重点装饰，与书籍或居住者个人喜欢的小饰品搭配摆放，按层次排列，整体以简洁为主。

◇ 现代风格书房的软装饰品要求造型简洁，数量少而精

◇ 在中式风格书房中，毛笔等文房四宝是表现书香气息的最佳元素

◇ 书房中的开放式书柜面积较大时，可考虑把工艺饰品与书籍穿插摆设

六、茶室软装饰品

在家中打造一间清新雅致的小小茶室，燃一炷香，沏壶好茶，在行云流水的琴音中体味淡泊的心境，细品袅袅的茶香，这未尝不是现代生活中返璞归真的诗意栖居。

茶室软装饰品的选择宜精致而有艺术内涵，或用一两幅字画、些许瓷器点缀墙面，以大量的留白来营造宁静的空间氛围；或用一些具有自然而和缓格调的、带有山水的艺术元素，如莲叶、池鱼、流水等，与茶文化气质相呼应；或在墙面挂上一些具有民俗风情的物品，如蓑衣、斗笠、竹篓等，可以增添茶室的乡土气息，别有一番趣味；或者添加一些根雕、竹雕、陶艺、盆景、奇石和花卉等摆设，也能增强茶室的美观性。

◇ 鸟笼摆件与陶瓷茶具营造禅意宁静的茶室氛围

◇ 根雕摆件搭配陶瓷器具表现出清雅淡泊的中式氛围

◇ 焚香品茗自古就是文人雅士的日常生活

◇ 茶室首选与茶文化气质相呼应的软装饰品